DeepSeek
极简入门与应用

孟健 姚路行◇著

电子工业出版社
Publishing House of Electronics Industry
北京·BEIJING

内容简介

本书循序渐进地介绍了DeepSeek相关的各方面知识、经验和技巧,系统梳理了DeepSeek的结构化提示词技巧,并附有大量的模板实例。此外,本书介绍了DeepSeek的特色功能玩法、场景实战应用、高级应用技巧,以及DeepSeek工具集成和本地部署等相关知识。本书力求使零基础读者轻松掌握DeepSeek的使用方法,并学以致用、融会贯通。

本书既适合DeepSeek初学者入门学习和进阶使用,也适合对AI感兴趣的人士参考阅读。

未经许可,不得以任何方式复制或抄袭本书之部分或全部内容。
版权所有,侵权必究。

图书在版编目(CIP)数据

DeepSeek 极简入门与应用 / 孟健,姚路行著.
北京:电子工业出版社,2025.3. -- ISBN 978-7-121-49903-6

Ⅰ.TP18
中国国家版本馆 CIP 数据核字第 20256Z801U 号

责任编辑:张 爽
印   刷:三河市君旺印务有限公司
装   订:三河市君旺印务有限公司
出版发行:电子工业出版社
         北京市海淀区万寿路173信箱   邮编:100036
开   本:880×1230 1/32 印张:7.25 字数:196千字
版   次:2025年3月第1版
印   次:2025年3月第6次印刷
定   价:49.80元

凡所购买电子工业出版社图书有缺损问题,请向购买书店调换。若书店售缺,请与本社发行部联系,联系及邮购电话:(010) 88254888,88258888。
质量投诉请发邮件至 zlts@phei.com.cn,盗版侵权举报请发邮件至dbqq@phei.com.cn。
本书咨询联系方式:faq@phei.com.cn。

序

嘿！各位对人工智能（AI）充满好奇的小伙伴们，当你翻开此书，就如同打开了一扇通往 DeepSeek 世界的大门。

说起 AI，其实它已经在地球上"摸爬滚打"80 多年了。1943 年神经网络概念的提出，为 AI 的诞生奠定基础。1956 年，达特茅斯会议召开，AI 正式"出道"，成为一个独立的研究领域，在科技舞台上崭露头角。在这 80 多年中，AI 的发展经历了 3 个阶段：从"规则驱动阶段的弱人工智能"到"基于统计学习与深度学习阶段的强人工智能"，再到如今"深度学习与智能融合阶段的超人工智能时代"。AI 的发展历程一路坎坷，时而疯狂，时而沉寂，在此期间涌现出众多优秀的科学家，以及他们针对算法工程和数据处理领域的创新思路。

但要提到 AI 何时最能给人以巨大的冲击和想象空间，大家肯定会不约而同地想到近年来火爆的 OpenAI——ChatGPT 的出现让我们可以天马行空地聊天、创作，隔着屏幕，我们很难想象和怀疑对方竟是一台机器。ChatGPT 的智慧程度确实颠覆了很多人的认知，包括你，也包括我。然而，在欣喜之余，AI 也给我们带来了工作和生存上的焦虑。AI 为世界注入了不确定性，我们会担心当下的很多工作岗位会逐步被替代，更担心在未来战争中，人在机器面前毫无还手之力。我们对抗不确定性的唯一办法就是投身其中，拥抱 AI。ChatGPT 出现后的短短几年，各大 IT 行业巨头都在为研发智能大模型投入巨资和庞大的算力。例如，国外有 OpenAI 的 ChatGPT、Google 的 Gemini、Anthropic 的 Claude、Meta 的 LLaMA 系列大模型等；国内有字节跳动的豆包大模型、阿里巴巴的通义大模型、腾讯的混元大模型、百度的文心大模型，以及近期异常火爆的深度求索的 DeepSeek 大模型等。在真实的应用场景中，我们需要仔细对比和甄别各厂商大模型的性能、智能程度及使用成本，同时不断调试自己的提示词，以达到最佳的效果。

2024 年年底，由杭州一家创业公司推出的开源大模型——DeepSeek，在整个世界掀起了"狂风骇浪"。据独立评测机构 Artificial Analysis 的测试报告显示，DeepSeek-V3 在多项评测中超越了其他开源大模型，并与世界顶尖的闭源模型（如 GPT-4o 和 Claude-3.5-Sonnet）不相上下，但 DeepSeek 的 API 定价却是 GPT-4 Turbo 的 1/70。DeepSeek 因其极高的性价比引发了业界的广泛关注，并吸引了众多商业公司和技术人士学习、部署和使用。然而，关于如何使用 DeepSeek 的资料却十分稀缺和分散，本书如同沙漠中的一处甘泉，通过简明扼要的讲解帮助读者了解和上手 DeepSeek，成为紧跟时代步伐的 AI 人才的学习指南。废话不多说，请翻过此页，开启你的 DeepSeek 之旅吧！

一位正在从事 AI 应用探索、
具有 15 年互联网行业从业经验的"老兵"
朱俊丞

前　言

编写背景

在人工智能的浪潮中，大语言模型技术正以前所未有的速度改变着我们的生活与工作方式。作为这个领域的后起之秀，DeepSeek 凭借其开源与高性能的技术路线，在 2024 年年末崭露头角，并迅速成为全球领先的人工智能应用平台之一。然而，面对如此强大的技术，不少初学者却感到无从下手。

- "DeepSeek 能做什么？"
- "如何用 DeepSeek 提高工作效率？"
- "怎样将 DeepSeek 应用于实际场景？"

这些问题正是作者编写本书的初衷。我们希望通过本书，帮助读者快速掌握 DeepSeek 的基本使用方法及其在各领域的实际应用，让每位读者都能轻松使用 DeepSeek，并举一反三，充分借助技术的力量解决实际问题。

学习建议

学习 DeepSeek 不仅是掌握一项工具的使用方法，而且要理解人工智能赋能各行各业的过程。本书针对不同层次的读者提供了循序渐进的学习路径。

1. **初学者**：从零开始，快速了解 DeepSeek 的核心功能及基本操作。

2. **进阶用户**：通过学习具体案例，将 DeepSeek 应用于数据分析、文案创作、商业策划等实际场景。

3. **专业人士**：探索 DeepSeek 在行业智能化中的深度应用，如医疗、金融、教育等领域的定制化解决方案。

建议读者在学习过程中多尝试、多实践，同时结合自身需求灵活调整学习路径。

本书内容

本书分为 8 章，各章的主要内容如下。

第 1 章介绍 DeepSeek 的核心技术、应用场景和配置方法。

第 2 章详细介绍如何使用 DeepSeek，涵盖从最基础的界面认识到实用的对话技巧。

第 3 章全面讲解结构化提示词的核心概念、优势，以及如何编写高质量的结构化提示词。

第 4 章深入探索 DeepSeek 的特色玩法，提供针对不同场景的高效解决方案。

第 5 章通过多个具体应用场景，手把手带领读者借助 AI 助手提高工作和学习效率。

第 6 章深入介绍 DeepSeek 的高级应用技巧，更精准地发挥 AI 的潜力。

第 7 章详细介绍 DeepSeek 如何实现工具集成与本地部署，提供更高的定制化能力和更好的数据安全保障。

第 8 章提出对 DeepSeek 的未来展望，帮助读者全面理解 AI 助手的潜力与价值。

本书特色

1. **通俗易懂**：从基础概念到实际操作，逐步引导读者理解复杂的技术逻辑。

2. **案例丰富**：涵盖多个领域的实际应用案例，帮助读者快速找到与自身需求相关的内容。

3. **图文并茂**：通过清晰的图示和流程图，使学习过程更加直观。

4. **循序渐进**：从入门到进阶，逐步深入讲解各个知识点，满足不同层次读者的学习需求。

建议与反馈

写一本书是一项极其琐碎、繁重的工作。尽管我们已经努力使本书接近完美，但仍然可能存在很多漏洞和瑕疵。欢迎读者提供关于本书的反馈意见，有利于我们改进和提高，以帮助更多的读者。如果您对本书有任何评论和建议，或者遇到问题需要帮助，可以通过微信联系我们，微信号分别为 mjcoding（孟健）和 ylx2ai（姚路行）。期待您的宝贵意见！

致谢

感谢 DeepSeek 团队为推动人工智能技术普惠化所做出的努力，也感谢在本书编写过程中提供支持的同事和朋友们。希望本书能成为读者学习 DeepSeek 的得力助手，并期待大家在实践中发现更多可能性！

孟健，姚路行

2025 年 2 月

目　录

第1章　认识DeepSeek……1

1.1 DeepSeek的历史背景与发展目标……1
- 1.1.1 成立背景与早期筹备……2
- 1.1.2 技术演进与核心创新……2
- 1.1.3 产品迭代与市场表现……4
- 1.1.4 行业影响与未来展望……5

1.2 DeepSeek-R1的核心突破与技术亮点……5
- 1.2.1 自主学习的突破：强化学习驱动的推理能力……5
- 1.2.2 更高效的架构与训练方式……7
- 1.2.3 小模型也有大智慧：模型蒸馏与边缘部署……7
- 1.2.4 全能型选手：多模态与跨任务能力……8
- 1.2.5 开源与低成本的普及化策略……9

1.3 DeepSeek的主要应用场景……9
- 1.3.1 教育与学习……9
- 1.3.2 企业与商业智能……10
- 1.3.3 科学研究与技术开发……10
- 1.3.4 创意与内容创作……11

   1.3.5 医疗与健康 ··· 11
   1.3.6 日常生活与个人助手 ······································ 12
 1.4 DeepSeek 的使用准备与配置 ······································ 13
   1.4.1 下载与安装 ··· 13
   1.4.2 注册与登录 ··· 14
   1.4.3 模式选择 ··· 15
   1.4.4 硬件与软件环境配置 ······································ 16
 1.5 本章小结 ··· 16

第 2 章 DeepSeek 基础 ··· 18

 2.1 提示词基础 ··· 18
   2.1.1 什么是提示词 ··· 18
   2.1.2 提示词设计的基本原则 ·································· 19
   2.1.3 高效的提问技巧 ··· 20
 2.2 深度思考模式 ··· 22
   2.2.1 什么是深度思考模式 ····································· 23
   2.2.2 适用场景 ··· 24
   2.2.3 使用技巧 ··· 26
 2.3 常见问题与解决方案 ··· 28
   2.3.1 对话质量问题 ··· 29
   2.3.2 技术类问题 ··· 31
   2.3.3 使用限制说明 ··· 33
 2.4 本章小结 ··· 35

第 3 章 结构化提示词 ··· 36

 3.1 什么是结构化提示词 ··· 36
   3.1.1 结构化提示词的核心要素 ······························ 37

3.1.2　为什么需要结构化提示词 ·················· 38
　　3.1.3　示例对比 ························· 39
3.2　如何编写高质量的结构化提示词 ··················· 41
　　3.2.1　构建全局思维链 ····················· 41
　　3.2.2　保持上下文语义一致性 ·················· 43
　　3.2.3　结合其他提示词技巧 ··················· 44
　　3.2.4　模板化实践 ······················· 46
3.3　结构化提示词的应用与局限性 ···················· 48
　　3.3.1　应用场景 ························ 48
　　3.3.2　局限性 ························· 50
　　3.3.3　推理模型的结构化提示词 ················· 52
3.4　本章小结 ································ 53

第4章　特色功能玩法 ··························· 54

4.1　人格分类模式 ····························· 54
　　4.1.1　什么是人格分类模式 ··················· 54
　　4.1.2　主要人格类型 ······················ 55
　　4.1.3　人格切换技巧 ······················ 58
4.2　预判与预言家模式 ·························· 65
　　4.2.1　模式原则 ························ 65
　　4.2.2　应用技巧 ························ 66
4.3　"杠精"与说人话模式 ························ 74
　　4.3.1　"杠精"模式 ······················ 75
　　4.3.2　说人话模式 ······················· 80
4.4　本章小结 ································ 85

第 5 章 场景实战应用 ... 86

5.1 文案创作 ... 86
5.1.1 营销文案 ... 86
5.1.2 内容创作 ... 90

5.2 数据分析 ... 95
5.2.1 数据解读 ... 95
5.2.2 报告生成 ... 100

5.3 商业策划 ... 107
5.3.1 市场分析 ... 107
5.3.2 策略制定 ... 115

5.4 学习辅助 ... 122
5.4.1 知识整理 ... 122
5.4.2 学习规划 ... 128

5.5 本章小结 ... 135

第 6 章 高级应用技巧 ... 136

6.1 多轮对话优化 ... 136
6.1.1 对话链设计 ... 137
6.1.2 上下文维护 ... 152

6.2 通过深度思考完善提示词 ... 156
6.2.1 分析 DeepSeek-R1 深度思考过程 ... 157
6.2.2 优化后的详细提示词模板 ... 161
6.2.3 实际应用案例 ... 162
6.2.4 优化效果分析 ... 163

6.3 提示词框架的应用 ... 167
6.3.1 基础指令型框架 ... 167

6.3.2　场景描述型框架 ································ 168
　　　6.3.3　角色定义型框架 ································ 170
　　　6.3.4　解决方案型框架 ································ 171
　　　6.3.5　框架选择建议 ·································· 172
　6.4　基于乔哈里视窗的沟通策略 ······························ 173
　　　6.4.1　四象限沟通模型 ································ 173
　　　6.4.2　沟通效果优化 ·································· 177
　　　6.4.3　实践建议 ······································ 179
　6.5　本章小结 ·· 180

第 7 章　工具集成与本地部署 ·································· 181
　7.1　工具集成的多样化选择 ·································· 181
　　　7.1.1　硅基流动 ······································ 181
　　　7.1.2　纳米 AI 搜索 ··································· 184
　　　7.1.3　秘塔 AI 搜索 ··································· 186
　　　7.1.4　国家超算互联网 ································ 187
　　　7.1.5　英伟达平台 ···································· 189
　　　7.1.6　Poe ·· 190
　7.2　API 集成与本地部署的实践方法 ························· 191
　　　7.2.1　API 集成 DeepSeek ······························ 192
　　　7.2.2　Ollama 部署 ···································· 194
　　　7.2.3　LM Studio 部署 ································· 198
　7.3　工具集成与本地部署的对比分析 ·························· 200
　　　7.3.1　数据安全性 ···································· 200
　　　7.3.2　性能与计算能力 ································ 201
　　　7.3.3　成本 ·· 201
　　　7.3.4　用户体验 ······································ 202

- 7.3.5 扩展性与可持续性 ... 203
- 7.3.6 综合对比表 ... 204
- 7.4 本章小结 ... 205

第8章 DeepSeek 的未来展望与进阶应用 ... 206

- 8.1 技术发展趋势与能力进化 ... 206
  - 8.1.1 多模态能力的提升 ... 206
  - 8.1.2 个性化定制支持 ... 207
  - 8.1.3 自主学习能力 ... 208
- 8.2 应用场景的扩展与行业融合 ... 209
  - 8.2.1 智慧办公 ... 209
  - 8.2.2 创意产业 ... 210
  - 8.2.3 行业智能化与新兴商业模式 ... 211
- 8.3 社会影响与未来展望 ... 212
  - 8.3.1 对个人生活的影响 ... 212
  - 8.3.2 对社会结构的影响 ... 213
  - 8.3.3 对文化与价值观的影响 ... 214
  - 8.3.4 面向未来的展望 ... 215
- 8.4 深入学习与进阶路径 ... 215
  - 8.4.1 理论学习 ... 215
  - 8.4.2 实践提升 ... 216
  - 8.4.3 职业发展建议 ... 217
  - 8.4.4 长期学习策略 ... 217
- 8.5 本章小结 ... 218

第 1 章
认识 DeepSeek

在正式开始学习如何使用 DeepSeek 之前,让我们先来全面了解一下 DeepSeek 的背景、技术特点和市场定位。通过本章,你将清楚地认识到 DeepSeek 的核心技术、应用场景和独特优势,为后续的实践操作打下坚实的基础。

1.1 DeepSeek 的历史背景与发展目标

近年来,人工智能技术发展迅猛,特别是以大语言模型(Large Language Model,LLM)为代表的 AI 技术正在深刻改变着各行各业。作为这个领域的后起之秀,DeepSeek 凭借其独特的技术路线和清晰的产品定位,迅速崛起为全球领先的 AI 平台之一。本节将带领读者回顾 DeepSeek 的诞生背景与发展历程,了解其从初创公司到行业标杆的蜕变之路。

1.1.1 成立背景与早期筹备

DeepSeek 的诞生可以追溯到中国量化投资公司**幻方量化**在人工智能领域的战略布局。2023 年 5 月，DeepSeek 从幻方量化中独立出来，并于同年 7 月 17 日正式成立，总部位于杭州。其创始人梁文锋通过整合幻方量化在算力、资金和技术上的优势，为 DeepSeek 的早期发展奠定了坚实基础。

- **公司起源**：DeepSeek 的早期研发资金由幻方量化直接出资，同时共享了幻方量化的"萤火超算"万卡级的算力资源，这使 DeepSeek 在成立之初便具备强大的算力底座。
- **战略定位**：DeepSeek 以"技术民主化"为核心目标，致力于通过开源大语言模型（后文简称"大模型"）推动人工智能的普惠化发展，打破西方技术垄断。为此，公司在成立初期即投入超过 5 亿美元用于采购 GPU，构建了坚实的算力基础设施。

1.1.2 技术演进与核心创新

DeepSeek 在短时间内实现了多代模型的快速迭代，其技术发展路径融合了创新算法、成本控制及多模态能力的探索，其发展历程如图 1-1 所示。

在基础模型研发方面，DeepSeek 的主要发展路线如下。

（1）**DeepSeek LLM**（2023 年 11 月）：首个开源模型，基于 LLaMA 的 Transformer 架构，参数规模为 6.7B 和 67B，具备文本生成与对话能力，成为公司技术发展的起点。

（2）**DeepSeek-V2（2024 年 5 月）**：第二代混合专家模型（MoE），性能对标 GPT-4 Turbo，但推理成本仅为其 1/70，展现了显著的成本优势。

图 1-1　DeepSeek 的发展历程

（3）**DeepSeek-V3（2024 年 12 月）**：参数规模达到 671B，在多项评测中超越了 Qwen2.5-72B 和 Llama-3.1-405B，接近 GPT-4o 和 Claude 3.5 的性能水平。

（4）**DeepSeek-R1（2025 年 1 月）**：在数学推理、代码生成等任务中表现优异。R1 模型不仅支持本地部署以增强隐私保护，还在训练成本上较 Claude 3.5 Sonnet 降低了 90%。

在关键技术创新方面，主要体现为以下两点。

（1）**成本控制**：通过对多头潜在注意力机制（Multi-Head Latent Attention，MLA）、高效强化学习算法（如 GRPO）及超参数缩放律的研究，DeepSeek 显著降低了训练与推理成本。例如，DeepSeek-V3 的预训练仅消耗 266.4 万 H800 GPU 小时，经济成本约为 560 万美元。

（2）**算法突破**：DeepSeek-R1 在数学推理、代码生成等任务中表现优异，其训练成本较 Claude 3.5 Sonnet 降低 90%，并支持本地部署以增强隐私保护。

1.1.3 产品迭代与市场表现

DeepSeek 的技术创新迅速转化为市场成果，其产品在多个领域取得了突破性进展，举例如下。

1. 应用端爆发

（1）**移动端应用**：如图 1-2 所示，2025 年 1 月 27 日，DeepSeek 应用登顶中国及美国区苹果 App Store 免费榜，下载量达到 1600 万次，增速超越同期 ChatGPT 下载量的 100%。

图 1-2　DeepSeek 登顶中国及美国区苹果 App Store 免费榜

（2）**企业合作**：DeepSeek 吸引了英伟达、亚马逊、微软等国际巨头，以及华为云、腾讯云等国内头部云服务商接入其模型。

2. 性能对标与成本优势

（1）DeepSeek-R1 在性能上与 GPT-4o mini 相当，但成本降低了 90%。

（2）DeepSeek-V3 在 AGI 相关评测中展示了类人推理能力，支持物理模拟和创意生成（如四维空间代码与游戏开发）。

1.1.4　行业影响与未来展望

DeepSeek 的快速崛起不仅改变了国内人工智能行业的格局，也对全球 AI 市场产生了深远影响，主要体现为以下 3 个方面。

（1）技术普及化：凭借低成本、高效的特点，DeepSeek 挑战了由美国主导的 AI 技术格局。例如，DeepSeek-V2 的推理成本仅为 GPT-4 Turbo 的 1/70，大幅推动了 AI 应用的普及。

（2）开源生态建设：通过 GitHub 开源工具（如 DeepSeek-Coder），助力开发者集成 AI 编码辅助功能，形成了广泛的技术社区影响力。

（3）全球化布局：DeepSeek 支持多语言，特别是在印度等地区提供免费服务，进一步扩大了市场覆盖范围。

1.2　DeepSeek-R1的核心突破与技术亮点

DeepSeek-R1 是 DeepSeek 系列的重要里程碑，它通过多维度的技术创新和工程优化，显著提升了大模型的推理能力和应用效率。本节尽可能采用通俗的语言，帮助读者理解 DeepSeek-R1 的核心突破。

1.2.1　自主学习的突破：强化学习驱动的推理能力

传统的大模型需要通过大量标注数据进行自监督微调（Supervised Fine-Tuning，SFT）才能具备推理能力，而 DeepSeek-R1

首次采用了完全基于强化学习（Reinforcement Learning，RL）的训练方法。

DeepSeek-R1 的创新点在于，它完全抛弃了传统的监督微调步骤，仅通过强化学习就能学会复杂的推理能力。这让模型能够进行自我验证、反思式思考，并生成长逻辑链条，即思维链（Chain of Thought，CoT）。DeepSeek-R1-Zero 模型为 DeepSeek-R1 的前置训练基础模型，其基准测试数据如表 1-1 所示。其中，AIME 2024 为高水平数学竞赛测试，主要测试模型的数学推理能力；MATH-500 是一个专门用于评估数学解题能力的评测集，包含 500 个测试样本；GPQA 为通用编程测试；LiveCode 为实时编程测试；CodeForces 为竞赛编程测试。例如，在 AIME 2024 测试中，DeepSeek-R1-Zero 的训练通过率从最初的 15.6%提升到了惊人的 71.0%。

表 1-1　DeepSeek-R1-Zero 的基准测试数据

模型	AIME 2024		MATH-500	GPQA Diamond	LiveCode Bench	CodeForces
	pass@1	cons@64	pass@1	pass@1	pass@1	rating
OpenAI-o1-mini	63.6	80.0	90.0	60.0	53.8	1820
OpenAI-o1-0912	74.4	83.3	94.8	77.3	63.4	1843
DeepSeek-R1-Zero	71.0	86.7	95.9	73.3	50.0	1444

这种训练方法不仅突破了传统的训练范式，还证明了强化学习可以激发模型的自主推理潜力，为未来的 AI 发展提供了全新的思路。

1.2.2 更高效的架构与训练方式

DeepSeek-R1 的训练和运行效率得到了全面提升,主要得益于以下几点。

(1)**混合专家架构(Mixture of Experts,MoE)**:通过将任务分配给不同的"专家",模型避免了资源浪费,同时显著降低了计算成本。

(2)**FP8 混合精度训练**:结合算法与硬件的协同设计,解决了跨节点通信的瓶颈问题,让 671B 个参数的模型训练成本仅需 266.4 万 H800 GPU 小时。

(3)**多头潜在注意力机制**:进一步优化了推理速度,使输入和输出的成本仅为竞争对手的 1/3 到 1/5。

这些优化使 DeepSeek-R1 在保持强大性能的同时,显著降低了训练和推理的资源需求。

1.2.3 小模型也有大智慧:模型蒸馏与边缘部署

DeepSeek-R1 不仅在大模型上表现卓越,还通过"模型蒸馏"技术,将大模型的能力压缩到小模型中。

(1)**蒸馏成果**:例如,DeepSeek-R1-Distill-Qwen-32B 模型在 MATH-500 测试中达到了 94.3% 的准确率,甚至超越了原始的 QwQ-32B 模型。

(2)**边缘部署**:结合低比特量化技术,这些小模型可以在消费级显卡(如 RTX 3060)上运行,让普通用户也能使用强大的 AI 模型。

这推动了大模型从云端走向边缘设备,让更多人享受到 AI 技术的便利。

1.2.4 全能型选手：多模态与跨任务能力

DeepSeek-R1在多个领域表现出色，尤其是在STEM编程领域。

（1）**数学和编程**：在MATH-500测试中，准确率高达97.3%（见图1-3），超越了OpenAI的同类模型。

（2）**透明推理**：通过生成清晰的思维链输出，DeepSeek-R1的推理过程更加透明，适用于科研、金融分析等需要高可信度的场景。

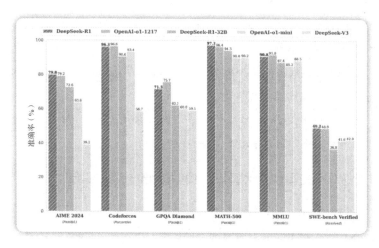

图1-3　DeepSeek-R1的MATH-500测试结果

（3）**长文本理解与指令遵循**：DeepSeek-R1能够处理长上下文任务（如FRAMES问答任务），并在指令遵循（IF-Eval基准）上表现优异，可实现从专业任务到通用任务的全面覆盖。

上述能力使DeepSeek-R1成了一个真正的"全能型选手"，可以适应各种复杂场景。

1.2.5　开源与低成本的普及化策略

DeepSeek-R1 不仅在技术上实现了突破,还通过开源和低成本策略推动了 AI 的普及。

（1）开源生态：DeepSeek 采用 MIT 协议开源了多个模型（如 DeepSeek-R1-Zero 和蒸馏模型），允许用户自由修改和商用。

（2）成本优势：DeepSeek 结合浪潮信息推出的元脑 R1 推理服务器的单机部署方案,每百万输出令牌的价格仅为 GPT-3.5 的 1/27,大幅降低了企业应用的门槛。

这些策略让更多人能够用得起、用得好 AI 技术,推动了人工智能的普及。

DeepSeek-R1 不仅更强大、更高效,还贴近我们的日常生活,它让我们看到了 AI 的无限可能。

1.3　DeepSeek的主要应用场景

作为一款多模态人工智能模型，DeepSeek 凭借其强大的推理能力、跨模态处理能力及高效低成本的技术优势，广泛适用于多个领域。DeepSeek 具有极强的适应性和实用性,其多样化的功能不仅能够服务于专业领域,还能深入日常生活。本节对其主要应用场景进行详细分析。

1.3.1　教育与学习

DeepSeek 在教育领域的应用潜力巨大,它能够为学生、教师及教育机构提供全方位的支持,真正实现个性化和智能化的教育服务。举例如下。

（1）个性化学习助手：DeepSeek 可根据学生的学习进度、兴趣点和薄弱环节,生成专属的学习计划、复习提纲,并提供一对一的答疑服务。这种具有针对性的辅助学习方式不仅提高了学习效率,还能激发学生的学习兴趣。

(2)**题目解析与推导**:在数学、物理等涉及逻辑推导的学科中,DeepSeek 能够生成详细的解题步骤和思维链条,帮助学生从根本上理解复杂问题的解决过程,而不仅限于提供答案。

(3)**语言学习**:DeepSeek 可以模拟真实对话场景,帮助用户练习口语表达;同时,它能改正语法错误、优化句子结构,甚至提供翻译和写作建议,为语言学习者提供一站式解决方案。

1.3.2　企业与商业智能

在企业和商业场景中,DeepSeek 的智能化能力能够显著提高效率,优化流程,并为决策提供科学依据。举例如下。

(1)**智能客服**:DeepSeek 能够快速理解用户问题,并提供准确、及时的回答,支持多语言对话。这不仅减少了人工客服的工作压力,还提升了用户体验。

(2)**商业报告生成**:基于企业的运营数据,DeepSeek 可以自动生成清晰、专业的分析报告或市场洞察,为管理层的决策提供有力支持。这种能力对快速变化的商业环境来说尤为重要。

(3)**代码生成与优化**:DeepSeek 不仅能帮助程序员快速编写代码,还能定位和修复代码中的错误,甚至优化代码性能。这种功能大大缩短了开发周期,降低了技术门槛。

1.3.3　科学研究与技术开发

DeepSeek 在科学研究和技术开发中表现出了极高的价值,成为科研工作者的得力助手。举例如下。

（1）数据分析与建模：DeepSeek 能够快速分析实验数据，发现潜在规律，并生成预测模型。这种能力极大地提高了科研效率，尤其是在处理复杂数据集时更为突出。

（2）科研论文辅助：DeepSeek 可以帮助研究人员生成论文初稿、翻译外文文献，以及优化学术表达。这种功能不仅节约了时间，还能帮助研究者更好地专注于核心研究工作。

（3）编程与算法设计：在复杂算法的设计和优化中，DeepSeek 能够提供有价值的建议，协助开发人员解决技术难题或调试代码。

1.3.4　创意与内容创作

在创意领域，DeepSeek 的多模态能力和语言生成能力使其成为创作者的强大工具。举例如下。

（1）文案与写作：无论是针对广告文案、社交媒体内容，还是长篇文章，DeepSeek 都能快速生成高质量的文本内容，帮助创作者节省时间并激发灵感。

（2）多模态创作：DeepSeek 支持文字、图片、视频等多种形式的内容创作，能够满足不同创作者的需求。例如，它可以根据文字描述生成与之匹配的图片或视频片段。

（3）故事生成：DeepSeek 能根据简单的提示生成完整的小说或剧本，不仅适用于个人创作，还可以为影视、游戏等行业提供创意支持。

1.3.5　医疗与健康

在医疗领域，DeepSeek 的多模态和推理能力为医疗服务带来了革命性变化。举例如下。

（1）医学知识问答：DeepSeek 可以帮助医生快速查询专业医学知识或最新研究成果，为临床决策提供支持。

（2）健康助手：对于普通用户，DeepSeek 能够提供健康建议、个性化饮食计划，甚至心理支持，帮助用户更好地管理身体健康情况。

（3）医学影像分析：通过结合多模态技术，DeepSeek 能够辅助医生分析医学影像，如 X 光片、CT 图像等，从而提高诊断的准确率和效率。

1.3.6 日常生活与个人助手

DeepSeek 不仅能服务于专业领域，还能成为每个人的生活助手，为日常生活带来便利。举例如下。

（1）日程管理：DeepSeek 可以帮助用户规划日程、提醒重要事件，甚至根据用户的偏好优化时间安排。

（2）购物推荐：通过分析用户的需求和偏好，DeepSeek 能够推荐合适的商品或服务，为用户提供个性化的购物体验。

（3）旅行助手：DeepSeek 能够提供全面的旅行计划，包括目的地信息、行程安排，甚至支持实时翻译功能，让用户在旅行中更加轻松。

DeepSeek 的应用场景广泛，覆盖了教育、企业、科研、创意、医疗和日常生活等多个领域。它不仅能够提高行业效率，优化流程，还能为个人用户提供智能化服务。结合多模态技术、自身强大的推理能力、采用开源策略，都在为 DeepSeek 推动人工智能技术的普及与落地提供助力，也为未来构建智能社会奠定了坚实的基础。

1.4　DeepSeek的使用准备与配置

根据不同的应用场景(如普通用户交互、开发者 API 调用或本地部署),在使用 DeepSeek 前需要有针对性地进行配置。以下是详细步骤及注意事项。

1.4.1　下载与安装

针对手机端,在应用商店搜索"**deepseek**"(形如蓝色鲸鱼图标的 App),下载并安装,如图 1-4 所示。

图 1-4　在应用商店搜索并安装 DeepSeek

针对计算机端，访问 DeepSeek 官网（见链接 1-1）[①]，直接在线注册访问，如图 1-5 所示。

图 1-5　访问 DeepSeek 官网

1.4.2　注册与登录

DeepSeek 理论上支持手机号、邮箱或第三方账号（如微信）注册，但**截至本书写作时，仅支持国内手机号注册**。其登录和注册界面如图 1-6 和图 1-7 所示。

图 1-6　DeepSeek **登录界面**

图 1-7　DeepSeek **注册界面**

---

① 链接的获取方式详见本书封底处"读者服务"。

首次登录后,建议设置账户安全信息(如绑定邮箱或手机),以提升账户安全性。

1.4.3 模式选择

DeepSeek 的核心模式选择界面如图 1-8 所示。左侧为操作区,包含两个按钮,功能分别为展开侧边栏历史对话、创建新对话;中间部分为对话区,包含两个核心按钮,功能分别为开启 R1、上传文件。基本的操作方式为:用户直接在对话区的输入框中输入内容,开始聊天。

DeepSeek 提供 3 种核心模式,用户可根据任务需求灵活切换。

(1)基础模式(DeepSeek-V3):适合日常对话、文案创作等轻量级任务。

(2)深度思考模式(DeepSeek-R1):用于复杂推理、数学问题等高强度任务,性能与 GPT-4o mini 相当。

(3)联网搜索模式:用于实时获取最新网络信息,让数据更加真实可靠。

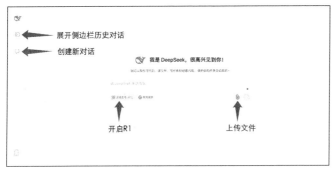

图 1-8 DeepSeek 的核心模式选择界面

1.4.4 硬件与软件环境配置

对于开发者或者想要本地部署定制的用户，推荐的软硬件要求如下。

1. 硬件要求

- **CPU**：Intel i5 及以上。
- **内存**：至少 16GB。
- **显卡**：NVIDIA GPU（8GB 显存及以上）。
- **存储**：推荐固态硬盘，空间不少于 50GB。

2. 软件环境配置

- **操作系统**：支持 Windows 10/11、macOS 10.15 及以上版本或 Ubuntu 18.04 及以上版本。
- **Python 环境**：需安装 Python 3.8 及以上版本，建议使用虚拟环境（如 deepseek_env）隔离依赖。

本地部署和 API 调用属于进阶使用方式，将在本书第 7 章详细介绍。

1.5 本章小结

通过本章的学习，相信你已经全面认识了 DeepSeek。

（1）DeepSeek-R1 是一款具有突破性的大模型，具备强大的性能和广泛的应用前景。

（2）它的核心优势在于低成本、开源特性和卓越的推理能力。

（3）凭借多模态能力和实用场景支持，DeepSeek 能够满足用户多样化的需求。

（4）使用 DeepSeek 前的准备工作简单直接，有助于快速上手。

接下来，第 2 章将详细介绍 DeepSeek 的基础知识，帮助你真正开始灵活地使用这个强大的 AI 助手。

第 2 章
DeepSeek 基础

本章将带领你正式开始使用 DeepSeek，从最基础的界面认识到实用的对话技巧，让你能够快速使用这个强大的 AI 助手。

2.1 提示词基础

在与 DeepSeek 交互时，提示词是沟通的桥梁。清晰、有效的提示词不仅能让 AI 准确理解你的需求，还能显著提升输出内容的质量和效率。本节将介绍学习提示词的基础概念、设计原则及常见类型，为后续的实际应用打下坚实基础。

2.1.1 什么是提示词

提示词（Prompt）是与 AI 交互的起点。简单来说，用户向 AI 发送文本、图片等信息作为提示词，AI 根据提示词内容生成相应的回复（见图 2-1）。

提示词可以是以下类型的内容。

- 文本：如问题、描述或任务指令。

- 图片：用于多模态输入。
- 其他形式：如音频或表格（在支持的场景下可用）。

图 2-1 提示词概念示意

通过设计优质的提示词，可以帮助 AI 更准确地理解你的需求，并生成符合预期的内容。

2.1.2 提示词设计的基本原则

在设计提示词时，遵循以下基本原则可以显著提高 AI 输出的内容质量。

1. 清晰明确

避免含糊不清的描述，尽量通过具体的语言表达需求。示例如下。

✘ 含糊的表达：

> 帮我写个那个……就是那种专业的东西。

☑ 清晰的表达：

> 请帮我写一份项目计划书，需要包含项目背景、目标、时间安排和预算四个部分，风格要专业简洁。

2. 提供必要背景

为提示词提供足够的背景信息，帮助 AI 理解上下文。示例如下。

✘ 缺乏背景的请求：

> 帮我写一个介绍。

☑ 有背景的请求：

> 我是一家科技公司的产品经理，需要写一个面向非技术用户的产品介绍，产品是一款智能家居 App，重点突出易用性和安全性。

3. 明确期望输出

指定输出的格式、风格或内容长度，让 AI 更好地满足你的需求。示例如下。

✘ 模糊的要求：

> 给我讲讲人工智能。

☑ 明确的要求：

> 请用通俗易懂的语言、500 字左右的篇幅，向一个高中生解释人工智能的基本概念和应用场景。

2.1.3 高效的提问技巧

在与 DeepSeek 交互时，提问的方式会直接影响 AI 的回答质量。通过掌握高效的提问技巧，你可以更精准地获取所需信息或内容。下面从提问模板、分步提问两个方面介绍。

1. 提问模板：背景+需求+约束

一个清晰的提问通常包含 3 个核心要素：**背景**、**需求**和**约束**。

- 背景：提供问题的上下文，让 AI 理解你的具体场景。
- 需求：明确你想要解决的问题或获得的内容。
- 约束：添加限制条件，如字数、格式或风格，帮助 AI 精准输出。

示例提示词如下。

> 我在写老河口景点介绍（背景），需要 3 个适合拍氛围感（约束）照片的景点（需求）。

> 我是学校老师（背景），需要设计一个 30 分钟的互动课堂活动（需求），主题是"人工智能的应用"（约束）。

要点总结如下。

（1）在提问时尽量避免单一关键词或过于宽泛的表达（如"告诉我一些景点"），这会导致 AI 难以理解具体需求。

（2）如果问题较复杂或涉及多个条件，针对每个子问题，可以通过"背景+需求+约束"的结构进行提问，让问题更加清晰，便于 AI 理解和回答。

这种结构化提问的方式，能让 AI 更准确地理解你的需求并提供更合适的回答。

2. 分步提问：复杂问题拆解

对于复杂问题，可以将其拆解为多个步骤，逐步引导 AI 回答。这样不仅可以避免信息遗漏，还能让回答更清晰、有条理。

示例提示词如下。

> - 第一步：解释"人工智能"的基本概念。
> - 第二步：列举 2~3 个日常生活中的应用场景。
> - 第三步：总结人工智能对未来生活的潜在影响。

适用场景如下。

（1）学习类问题：如学习新概念、了解某个领域的知识，可以通过分步提问，让 AI 从基础到进阶逐层解答。

（2）工作类问题：如制订计划、撰写报告或分析数据，可以分步获取各部分内容。

（3）创意类问题：如策划活动、设计内容或写作，可以逐步拆解创意流程，并逐步完善输出。

注意事项如下。

（1）对于推理模型（如 DeepSeek-R1），建议不要在提示词中直接指定"思考步骤"，除非你希望模型严格按照步骤执行。这是因为推理模型通常会根据上下文自动生成最优解答，而强制指定步骤可能限制其灵活性。

（2）分步提问的每步都应具体且独立，避免一开始就提出过于复杂或笼统的问题。

通过分步提问，你可以逐层深入，获得更系统且条理清晰的解答。

2.2 深度思考模式

在日常获取知识和解决问题时，大模型可以通过简单的回答满足用户需求，但面对复杂的逻辑推理、多领域知识整合或深度分析任务时，普通模式可能显得力不从心。为了解决这些"烧脑"问题，DeepSeek 推出了深度思考模式。这种模式专为应对高难度问题设计，能够提供更精准、更全面的答案，帮助用户从多个维度剖析问题的本质。下面将详细介绍什么是深度思考模式，以及它如何为用户提供更强大的支持。

2.2.1　什么是深度思考模式

深度思考模式是 DeepSeek 的特色功能之一，旨在通过更高级的分析能力和逻辑推导过程，帮助用户应对复杂问题，如图 2-2 所示（图中答案仅供参考，不保证完全准确）。

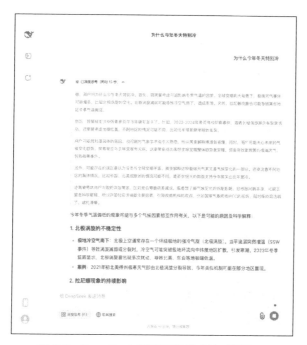

图 2-2　DeepSeek 深度思考模式的对话界面

相比于普通模式,深度思考模式的升级之处体现在以下三大方面。

1. 强力引擎支持

深度思考模式调用更先进的 DeepSeek-R1 模型,其思维能力相当于大学教授级别,能够处理更复杂的推理和分析任务。普通模式更适合简单问答,而深度思考模式能深入挖掘问题背后的本质。

2. 多维度剖析

深度思考模式不仅能回答浅显的问题,还会从多个角度展开分析。例如,对于"为什么今年冬天特别冷"这个问题,普通模式可能仅提到了气候现象,而深度思考模式会结合拉尼娜现象、北极涡旋、历史数据对比等多维度进行详细剖析。

3. 解决"烧脑"问题

深度思考模式擅长处理高难度任务,举例如下。
- **复杂数学题**:如微积分应用题或数学建模。
- **代码调试**:发现深层逻辑错误并给出优化建议。
- **财务分析**:结合行业数据进行交叉验证。
- **哲学思辨**:提供多角度辩证思考,助力深入探讨抽象问题。

2.2.2 适用场景

深度思考模式适用于以下几类场景,能够帮助用户解决复杂问题并提供高质量的分析过程。

1. 深度分析问题

当问题涉及多层逻辑、跨领域知识或长期影响预测时,深度思考模式能够发挥优势。典型场景如下。

- **商业决策**：分析"如果公司计划开拓东南亚市场，需要关注哪些文化差异和法规风险"。
- **学术研究**：探讨"如何用机器学习模型预测气候变化对农作物产量的影响"。
- **技术攻关**：排查"分布式系统在高并发场景下出现数据不一致的可能原因"。

2. 复杂推理任务

对于需要多步骤推导、抽象逻辑或验证链条完整性的任务，深度思考模式能够提供结构化的思考框架。典型场景如下。

- **数学建模**：推导"如何用博弈论模型分析电商平台的价格竞争策略"。
- **故障诊断**：分析"工厂自动化生产线突然停机的可能故障路径"。
- **方案设计**：规划"从北京到巴黎的多式联运物流方案的成本优化模型"。

3. 专业领域咨询

在特定垂直领域（如法律、医疗、金融等），深度思考模式可以结合行业知识和最新技术动态提供信息整合服务（需配合专业人员使用）。典型场景如下。

- **法律咨询**：解读"《中华人民共和国个人信息保护法》中数据跨境传输的合规要点"。

- **医疗辅助**：整理"针对II型糖尿病的最新非药物干预研究进展"。
- **金融分析**：比对"量化投资策略在熊市环境中的回测表现差异"。

4. 不适用场景

深度思考模式下的 DeepSeek 并非万能工具，在以下场景中，普通模式的 DeepSeek 或其他工具可能更高效。

- **简单问答**：如"今天北京气温多少度"或"圆周率小数点后 10 位是什么"。
- **实时信息查询**：如"2024 年诺贝尔奖得主名单"或"航班实时动态查询"。
- **日常闲聊**：如"推荐周末消遣的好去处"或"怎样安慰失恋的朋友"。

2.2.3 使用技巧

为了更高效地使用深度思考模式，可以参考以下技巧。

1. 模式切换的最佳时机

普通模式的适用场景如下。

- 查天气、算数学题、简单翻译等基础问题。
  - 示例："北京明天的天气如何？"

深度思考模式的适用场景如下。

- 涉及跨学科知识整合、多步骤推理或创意性内容的问题。
  - 示例："对比北京和上海未来一周的空气质量指数变化趋

势,分析气候差异对两地居民生活的影响。"

建议:先用普通模式尝试简单提问,若回答不够详细,再切换深度思考模式。示例如下。

- 普通模式提问:"能教我做糖醋排骨吗?"
- 深度思考模式追问:"用深度思考模式详细说明火候控制技巧及常见的失败原因。"

2. 提高提问的效率

(1)病情陈述法:像描述病症一样清晰陈述问题的背景和细节。示例如下。

- 低效提问:"代码报错了怎么办?"
- 高效提问:"开发环境:Python 3.8 + TensorFlow 2.4,报错信息:ValueError: Shapes(32,1)and(32,2)incompatible,相关代码段如下……"

(2)需求说明书模板:明确提问场景、具体要求和输出格式。示例如下。

- "我要给高中生讲解光的折射(场景),需要3个生活化案例(要求),用表格对比不同介质的折射率(格式)。"
- "请结合二语习得理论,设计为期3个月的个性化英语听力训练方案。"

3. 资料"投喂"指南

在提供资料时,应注意以下原则。

正确用法如下。

- 提供关键段落的页码或核心观点。
- 圈出图片的重点区域。

错误用法如下。

- 上传整篇 500 页文档或模糊图片。
- 提供未分类的多个网页链接。

经典操作示例:"根据这份政策文件的第三页第二段(附截图),请解读对跨境电商行业的具体影响。"

4. 频率控制技巧

深度思考模式功能强大,但需要合理控制使用频率。

黄金比例为每 3 次普通对话后使用 1 次深度思考模式。

若遇到"服务器繁忙"提示,处理建议如下。

- 优先完成当前对话。
- 用普通模式整理已获得的信息。
- 将重要问题设置为次日提醒。

2.3 常见问题与解决方案

在实际使用过程中,你可能会遇到一些常见的问题,这些问题可能影响对话的准确性,或者与技术性能相关。为了帮助你更高效地解决这些问题,本节提供了详细的指导和实用的解决方案。无论是优化对话质量,还是应对技术限制,这些方法都能为你提供明确的方向,确保每次使用 DeepSeek 都能达到理想的效果。

2.3.1 对话质量问题

在使用 DeepSeek 的过程中，可能会遇到回答偏离预期或逻辑不清的情况。这类问题通常源于提问方式不够明确或上下文不完整。以下是常见问题的相关分析及对应的解决方案，帮助用户优化提问和引导模型，提升对话质量。

1. 回答不够准确

典型表现如下。

- 答案与预期不符，内容缺乏针对性。
- 出现事实性错误或逻辑漏洞，无法满足任务需求。

解决方案如下。

（1）优化提问技巧

- 示例：将"怎么做饭"改为"请用三步法教新手做番茄炒蛋"。
- 技巧：采用"背景+需求+约束"公式，如"作为营养师，给糖尿病患者推荐 5 道快手菜"。

（2）补充上下文

- **专业领域**：提供相关参数和背景信息。例如：在编程任务中，说明语言版本（如 Python 3.10）或运行环境（如 Linux 系统）；在学术问题中，补充具体范围（如"我正在准备考研数学，重点是概率论"）。
- **复杂问题**：添加详细说明，避免模型误解。例如：问题为"如何优化学习计划"，补充内容为"我是大三学生，目标是半年内通过英语六级"。

（3）启用深度思考模式

- 打开深度思考功能，要求模型进行更详细的分析。也可以配合说明："请分步骤详细推导……"

2. 内容重复或偏题

典型场景如下。

- 模型回答"绕圈子"，重复观点，未能聚焦核心问题。
- 回答偏离主题，未能有效地解决用户的实际需求。

应对策略如下。

（1）结构化提问

- 使用编号提问，帮助模型厘清逻辑。例如："第一，请说明XX概念的定义；第二，列举3个实际应用场景。"
- 添加限制条件，避免内容过于宽泛。例如："请用不超过3点说明XX的关键要素。""限制在100字以内回答。"

（2）实时引导

- 及时中断无关内容，明确指令。例如："请回到XX主题，重点说明……""不要展开讨论，只回答核心结论。"
- 如果模型偏题，可以通过补充说明重新引导。例如：针对偏题，可补充"XX的历史背景为……"或者添加引导，如"请忽略历史背景，直接分析XX的现代应用。"

（3）会话管理

- 当话题发散时，主动新建会话，避免上下文干扰。
- 重申关键上下文，帮助模型聚焦。例如："在之前的回答中，你提到XX，请基于此展开分析。"

2.3.2 技术类问题

技术问题通常与网络状况、输入内容或操作习惯有关。这些问题可能导致对话延迟、中断或响应不理想。以下是常见技术问题的原因分析及优化建议。

1. 响应延迟

常见原因如下。

- **网络波动**：用户网络不稳定或服务器负载过高。
- **输入内容过长**：单次输入（如长文章或复杂请求）超过系统处理能力。
- **计算需求复杂**：涉及大数据分析、复杂逻辑推导或多步骤任务。

优化方案如下。

（1）网络诊断

- 确保网络通畅，优先使用 5G 或 Wi-Fi 6 连接。
- 测试网络延迟，如通过 ping 命令检查服务器响应速度。
- 采用多种方式访问 DeepSeek，参考第 7 章的工具集成方案。

（2）内容拆分

- 长文本按段落发送，建议每段不多于 500 字。例如："第一部分：实验数据概况……""第二部分：分析方法……"
- 对于复杂任务，将问题分解为多个子问题。例如："第一步，请解释公式 XX 的含义。""第二步，推导公式 XX 的应用场景。"

（3）格式优化
- 使用代码块包裹代码类内容，避免格式混乱。
- 表格数据转换为 CSV 格式并上传，减少数据整理的时间。

2. 会话中断

常见原因如下。
- 网络波动，多数是用户网络出现了问题。
- 单次输入内容过长或任务过于复杂，导致系统处理超时。
- 用户界面操作，如切换 Tab 键或刷新页面。

应对措施如下。

（1）保留上下文并重试会话
- 如果会话中断，可尝试重新发送最后一条输入的内容。
- 确保上下文清晰，避免模型丢失关键信息。例如："之前我们讨论了 XX，请继续……"

（2）必要时新建会话
- 如果无法恢复会话，那么可以新建会话并粘贴关键上下文。例如："在上一段对话中，我们提到 XX。以下是我的问题……"

（3）断点续接
- 输入"继续"，让模型尝试恢复中断的回答。
- 明确指令："请从上次中断的地方继续分析 XX。"

通过以上方法，可以有效应对有关对话质量和技术的问题，确保每次使用都能达到最佳效果。

2.3.3 使用限制说明

在实际使用中,了解系统的能力边界和使用规范,不仅能更好地发挥其功能,还能避免因误解或操作不当而产生困扰。下面详细说明 DeepSeek 的能力范围及平台使用的具体限制,并提供相关优化建议,以保证用户体验更加顺畅和高效。

1. 模型能力边界

技术特性通常表现为以下 3 个方面。

- **知识截止**:模型的知识更新至以往的某个时间点,无法直接访问实时信息,但可以通过联网插件扩展实时性(如查询最新新闻或数据)。
- **多语言支持**:模型在中英双语上的表现最优,但在小语种或复杂语法结构的语言中,可能会出现翻译偏差或理解错误。
- **创造力范围**:可应对包括故事创作、代码生成、数据分析等任务,但在极高复杂度或高度专业化的场景中(如前沿科研、复杂法律分析),可能需要配合人工审核或补充数据。

结合模型的技术特性,使用建议如下。

(1)时效性问题

对于需要实时更新的信息,建议提供最新的数据或背景。例如:"请基于 2025 年的最新经济数据分析全球通胀趋势。"验证公式如下:

$$最新数据 = 模型知识 + 用户提供实时信息$$

（2）专业领域

针对医疗、法律等专业领域的建议仅供参考，需结合专业人士的意见。在进行学术研究时，建议交叉验证模型生成的内容和权威文献，避免因知识截止导致的偏差。

（3）复杂任务

对于需要多步骤推导或逻辑链条较长的问题，可以明确要求分步骤解答，例如："请逐步推导出以下公式的计算过程。"在编程任务中，提供完整的上下文（如语言版本、运行环境）有助于提高回答的准确性。

2. 平台使用规范

为了保证系统运行的稳定性和高效性，DeepSeek 平台在使用过程中可能设置了一些限制条件，如表 2-3 所示。了解这些条件并合理规划操作，将显著提升使用体验。

表 2-3　DeepSeek 可能存在的限制条件

类别	标准值	优化方案
单次输入	≤4000 字符	分段发送+提供内容摘要
会话长度	≤20 轮	定期新建会话+关键信息继承
高峰时段	≤3 次/分钟	避免高峰期频繁操作
内容安全	符合 GB/T 35273—2020《信息安全技术个人 信息安全规范》	避免使用敏感词+使用替代表述

2.4 本章小结

通过本章的学习，读者可以了解到以下内容。

（1）DeepSeek 的界面设计简洁实用，易于上手。

（2）良好的提示词是获得理想回答的关键。

（3）深度思考模式需要根据场景合理使用。

（4）了解常见问题和解决方案有助于提升使用体验。

在第 3 章中，我们将深入探讨提示词的进阶技巧，帮助你更好地驾驭 DeepSeek。

第 3 章
结构化提示词

提示词是用户与大模型交互的桥梁，它定义了任务的目标、步骤和预期结果。随着任务复杂度的提升，传统的提示词编写方式逐渐暴露出局限性，而**结构化提示词和提示词模板**的出现，为提示词的组织和优化提供了全新的解决方案。本章将全面探讨结构化提示词的核心概念、优势，以及如何编写高质量的结构化提示词，以帮助用户在复杂场景中获得更优质的模型输出。

3.1 什么是结构化提示词

结构化提示词是一种通过层级化和模块化设计，将提示词内容以清晰的语义和逻辑组织起来的编写方式。它的核心思想是"像写文章一样写提示词"，通过标题、段落、子模块等形式，优化提示词的表达和执行效果。相比于传统提示词，结构化提示词更注重逻辑性和条理性，使模型能够更高效地理解任务目标和执行步骤。

在交互过程中，传统提示词往往采用简单的自然语言描述，适用于一些基础任务。然而，当任务变得复杂且需要多步骤操作时，传统提示词的局限性就会暴露出来,如语义模糊、执行路径不明确、模型输出不符合预期等问题。结构化提示词通过层次分明的设计和模块化的内容组织,能够系统性地解决这些问题。

3.1.1 结构化提示词的核心要素

编写结构化提示词需要遵循以下 3 个核心要素。

1. 层级化结构

层级化是结构化提示词的基础,通过清晰地划分层次,让任务目标、执行路径和交付标准一目了然。

常见的层级划分如下。

- **一级标题**:用于定义任务的总体目标或角色,如"# Role:诗人"。
- **二级标题**:用于进一步细化任务内容,如"## Profile"(简介)或"## Rules"(规则)。
- **三级标题**:用于描述具体的细节或子模块,如"### Skills"(技能描述)。

层级化结构的优势在于,它不仅让提示词的内容更有条理,还能帮助模型逐步理解任务的各个方面,从而提升执行效果。

2. 模块化设计

模块化是结构化提示词的核心思想之一,通过将提示词拆分为多个功能模块,可以更灵活地组织内容并适应不同的任务需求。

常见的模块如下。

- **Role**:角色定义模块,明确 AI 的身份和职责,如"诗人""数据分析师""翻译专家"等。

- **Rules**：规则约束模块，规定 AI 在执行任务时需要遵守的行为准则，如"保持内容积极向上""不得编造事实"等。
- **Workflow**：工作流程模块，定义任务的具体执行步骤，如"先分析数据，再生成图表，最后撰写报告"。
- **Input/Output Format**：输入/输出格式模块，规定用户输入和模型输出的格式，确保交互的规范性和一致性。

模块化设计不仅有助于模型清晰地表达提示词，还便于用户复用和扩展。例如，在不同的任务中，可以直接复用 Rules 模块或 Workflow 模块，减少重复编写的工作量。

3. 语义标识

语义标识是结构化提示词的关键，通过使用特定的属性词（如 Role、Rules、Workflow 等），可以为提示词的每个部分赋予明确的语义。这种设计方式不仅方便用户快速理解提示词的结构，也能帮助模型更好地聚焦于任务目标。

针对属性词 Rules 和 Workflow，举例如下。

- 属性词 Rules：定义模型的行为边界，如"不得输出敏感内容""保持内容简洁"。
- 属性词 Workflow：指导任务的执行步骤，如"第一步：分析用户输入；第二步：生成文本摘要"。

语义标识可以使用户和模型快速定位提示词中的关键信息，从而提高交互效率。

3.1.2 为什么需要结构化提示词

相比于传统提示词，结构化提示词在以下 5 个方面具有显著的优势。

（1）清晰性：结构化提示词通过层级化和模块化设计，让任务目标、执行路径和交付标准更加清晰。例如，在复杂任务中，用户可以通过 Workflow 模块定义具体的执行步骤，避免模型输出的内容"跑偏"。

（2）适应复杂任务：当任务变得复杂且需要多步骤操作时，传统的提示词往往难以满足需求。结构化提示词通过模块化设计，可以轻松应对复杂任务。例如，在数据分析场景中，可以通过 Workflow 模块定义数据处理、分析和可视化的具体步骤。

（3）提高模型性能：结构化提示词能够帮助模型更好地理解任务语义，从而提升输出质量。例如，通过 Rules 模块明确规定模型的行为边界，可以减少模型生成不符合预期的内容。

（4）便于复用和扩展：结构化提示词的模块化设计便于复用和扩展。例如，在不同的任务中，可以直接使用 Rules 模块或 Workflow 模块，显著提高提示词的编写效率。

（5）降低学习成本：对于新手用户，结构化提示词是一种友好的设计方式。通过清晰的层级和模块划分，用户可以快速上手并编写高质量的提示词。

3.1.3 示例对比

为了更直观地说明结构化提示词的优势，下面通过示例进行对比展示。

传统提示词如下。

> 作为一位诗人，写一首关于友谊的诗。

在这种提示词中,任务目标虽然明确,但缺乏对内容风格、格式和执行步骤的进一步说明,可能导致输出结果不符合预期。例如,模型可能会生成一首没有押韵的诗,或者生成内容的风格与用户期望不符。

结构化提示词如下。

> # Role: 诗人
> ## Profile
> - Description: 诗人是创作诗歌的艺术家,擅长通过诗歌表达情感。
> ## Rules
> 1. 内容健康,积极向上。
> 2. 保持押韵。
> 3. 使用优美、富有感染力的语言。
> ## Workflow
> 1. 用户以"形式:[], 主题:[]"的方式指定需求。
> 2. 针对用户需求创作诗歌,包括题目和诗句。
> 3. 输出结果需包含标题和至少4行诗句。

在结构化提示词中,任务目标被分解为多个模块,每个模块都有明确的作用。

- Role 模块定义了模型的身份和职责。
- Rules 模块规定了创作时需要遵守的规则。
- Workflow 模块定义了任务的执行步骤。

这种设计方式不仅让任务目标更清晰,还能显著提高模型的执行效果。例如,模型会根据 Rules 模块保持押韵,并按照 Workflow 模块的步骤生成符合用户需求的诗歌。

3.2 如何编写高质量的结构化提示词

编写高质量的结构化提示词,是提高任务执行效果和模型输出质量的关键。高质量的结构化提示词不仅需要逻辑清晰、语义明确,还要能够适应复杂任务和多样化需求。为了实现这个目标,我们需要从**构建全局思维链、保持上下文语义一致性、结合其他提示词技巧和模板化实践** 4 个方面入手,逐步构建出具有高度适应性和执行力的提示词。

3.2.1 构建全局思维链

全局思维链是结构化提示词的核心框架,它决定了提示词的整体逻辑性和条理性。一个完整的全局思维链需要覆盖从角色定义到任务执行的各个环节,确保提示词能够引导模型逐步完成任务。全局思维链包括以下 5 个关键组成部分。

1. Role(角色)

定义模型的身份和职责,让模型明确自己的定位。例如,角色可以是"诗人""数据分析师""翻译专家"或"教师"等。通过角色定义,模型能够更好地理解任务目标,并在执行过程中保持一致性。

示例如下。

Role: 数据分析师

2. Profile(简介)

描述角色的背景和技能,帮助模型更深入地理解其身份和能力范围。例如,角色的专业领域和特长、角色的行为风格和工作方式。

示例如下。

> ## Profile
> - Description: 数据分析师擅长处理复杂的数据集,能够生成清晰的分析报告。

3. Rules(规则)

规定模型在执行任务时需要遵守以下行为准则,确保输出内容符合预期。

- 避免输出敏感内容。
- 保持逻辑严谨,不捏造事实。
- 遵循特定的格式或风格。

示例如下。

> ## Rules
> 1. 输出内容必须准确且基于事实。
> 2. 保持分析逻辑清晰。

4. Workflow(工作流程)

定义任务的执行步骤,确保模型能够按照预设的流程逐步完成任务,步骤举例如下。

- 任务的输入要求。
- 每步的具体执行方式。
- 任务的输出格式。

示例如下。

> ## Workflow
> 1. 接收用户输入的数据集。

2. 分析数据并生成关键指标。
3. 输出一份简洁的分析报告。

5. Initialization（初始化）

设置角色的启动行为,帮助模型快速进入状态。例如,定义模型的初始任务或问题,提供背景信息或上下文。

示例如下。

```
## Initialization
- 模型启动时,首先检查用户输入是否完整,并给出确认提示。
```

通过构建全局思维链,提示词的逻辑性和条理性将显著提升,模型也能更高效地完成任务。

3.2.2 保持上下文语义一致性

上下文语义一致性是确保提示词清晰和准确的关键。提示词的内容和格式需要前后一致,避免因语义混乱或表达不清导致模型的输出结果偏离预期。下面是保持语义一致性的 3 个具体方法。

1. 格式一致性

提示词的层级结构和标识符的使用应保持一致。例如,标题层级始终使用 "#、##、###" 等标识符,属性词(如 Role、Rules)的用法前后一致。

示例如下。

```
# Role: 数据分析师
## Profile
- Description: 数据分析师擅长处理复杂的数据集。
```

```
## Rules
1. 输出内容必须准确。
```

2. 内容一致性

确保属性词和模块内容语义对应。例如，Rules 模块应仅包含规则，而非角色技能描述；Workflow 模块应仅描述任务执行步骤，而非任务背景。

示例如下。

```
## Rules
1. 分析过程必须透明。
2. 输出结果需包含图表。
```

3. 语境一致性

提示词的语境应与任务需求相符。如果任务是生成报告，那么提示词内容应聚焦于报告生成的相关规则和流程，而非其他无关信息。

通过保持上下文语义一致性，可以有效地避免模型因提示词模糊或混乱而产生误解。

3.2.3 结合其他提示词技巧

在编写结构化提示词时，可以结合其他提示词优化技巧，进一步提升模型的执行效果。下面是 4 个常用的技巧。

1. 思维链（CoT）

通过引导模型逐步推导答案，避免直接生成错误或不完整的结果。

示例如下。

```
# Role: 数学教师
## Workflow
1. 分析题目并分步骤解决。
2. 每步都需给出详细解释。
```

2. 投票法（ToT）

生成多个结果并选择最佳答案。

示例如下。

```
## Workflow
1. 针对问题生成 3 个不同的解决方案。
2. 对比方案并选择最佳答案。
```

3. 示例法

提供输入/输出示例，帮助模型更好地理解任务需求。

示例如下。

```
## Examples
- Input: 数据集包含销售数据。
- Output: 一份包含销售趋势的分析报告。
```

4. 分解法

将复杂任务拆解为多个子任务，降低模型的处理难度。

示例如下。

```
## Workflow
1. 首先清理数据。
```

2. 然后分析数据趋势。

3. 最后生成分析报告。

通过结合这些技巧，可以显著提升提示词的灵活性和适应性。

3.2.4 模板化实践

模板化是结构化提示词的重要组成部分，通过预定义的模板，可以快速生成高质量的提示词。以下是模板化实践的 3 个具体方法。

1. 通用模板

通用模板适用于大多数任务的基础模板。

示例如下。

```
# Role: 你的角色名称
## Profile
- Author: [Your Name]。
- Version: 0.1。
- Language: English or 中文。
- Description: 描述你的角色。
## Rules
1. 在任何情况下都不要跳出角色。
2. 不要胡说八道或捏造事实。
## Workflow
1. 首先, xxx。
2. 其次, xxx。
3. 最后, xxx。
```

2. 领域模板

领域模板是指针对特定领域（如数据分析）的模板。

示例如下。

Role: 数据分析师
Profile
- Description: 数据分析师擅长处理复杂的数据集，能够生成清晰的分析报告。
Rules
1. 数据分析必须准确可靠。
2. 输出结果需包含关键指标和图表。
Workflow
1. 接收用户输入的数据集。
2. 分析数据并生成关键指标。
3. 输出一份简洁的分析报告。

3. 任务模板

任务模板是指针对特定任务（如写作任务）的模板。

示例如下。

Role: 作家
Profile
- Description: 作家擅长创作富有感染力的文章。
Rules
1. 内容必须原创。
2. 保持语言优美。
Workflow

1. 接收用户输入的主题。
2. 根据主题创作文章。
3. 输出一篇不少于 500 字的文章。

模板化实践能够帮助用户快速生成高质量的提示词,同时降低编写难度。

通过构建清晰的全局思维链、保持语义一致性、结合优化技巧及应用模板化实践,用户可以显著提升提示词的质量和模型的执行效果。这不仅适用于简单任务,也能很好地满足复杂场景中的多样化需求。

3.3 结构化提示词的应用与局限性

结构化提示词是优化模型交互的一种方法,在实际应用中展现了极大的潜力。它通过清晰的逻辑和模块化设计,显著提升了任务执行的效率和准确性。然而,尽管结构化提示词在许多场景下表现出色,但它也有一定的局限性,无法完全解决所有问题。下面从应用场景、局限性和推理模型的结构化提示词角度进行详细分析。

3.3.1 应用场景

结构化提示词的优势在于其逻辑清晰、条理分明,因此在以下场景中具有极高的应用价值。

1. 复杂任务

适用场景为需要多步骤执行的复杂任务,如数据分析、项目管理和流程设计等。

其**优势**在于,通过模块化的 Workflow(工作流程),可以对任务进行分解，使模型逐步完成各个子任务，避免遗漏关键步骤。

示例如下。

> \# Role：数据分析师
> \#\# Workflow
> 1. 数据清洗：清理缺失值和异常值。
> 2. 数据分析：生成关键指标和趋势图。
> 3. 报告生成：输出一份包含图表和结论的分析报告。

2. 生产级场景

适用场景为企业级应用场景，如客户服务、自动化内容生成和技术支持等。

其**优势**在于，通过结构化提示词，可以显著提高提示词的可读性和复用性，便于团队协作和版本迭代。在生产环境中，结构化提示词还能帮助开发者快速定义模型的角色及相应的行为，降低试错成本。

示例如下。

> \# Role：客服机器人
> \#\# Rules
> 1. 始终保持礼貌和专业。
> 2. 遇到无法回答的问题时，建议用户联系人工客服。
> \#\# Workflow
> 1. 分析用户问题。
> 2. 提供解决方案或相关信息。
> 3. 如果问题超出能力范围，给出其他的解决途径。

3. **教学与学习**

适用场景如为新手用户提供友好的学习模板,帮助他们快速编写提示词。

其**优势**在于,通过结构化设计,新手用户可以清晰地理解提示词的组成部分和逻辑关系,降低学习门槛。例如,提供带有注释的模板,帮助用户更快地掌握提示词的编写技巧。

示例如下。

> \# Role: 教师
> \#\# Profile
> - Description: 教师擅长通过简单易懂的方式教授复杂的概念。
> \#\# Rules
> 1. 使用通俗易懂的语言。
> 2. 提供例子帮助理解。
> \#\# Workflow
> 1. 分析学生的问题。
> 2. 解释相关概念并提供示例。
> 3. 检查学生是否理解,并根据需要调整解释方式。

3.3.2 局限性

结构化提示词的局限性主要体现在以下 3 个方面。

1. **模型能力依赖**

结构化提示词的效果高度依赖模型的指令遵循能力,具体表现如下。

- GPT-4 能够很好地理解和执行复杂的结构化提示词。

- GPT-3.5 的表现相对较弱，可能无法完全遵循提示词中的规则或流程。
- 对于更早期的模型，复杂的结构化提示词可能失去作用。

解决方法是根据模型能力调整提示词的复杂度。例如，对于能力较弱的模型，可以简化提示词结构，减少模块数量。

2. 复杂性限制

对于能力较弱的模型，结构化提示词可能导致信息过载，反而降低任务执行效果。例如，模型可能忽略提示词中的部分内容，或输出结果与预期不符。

解决方法如下。

- 简化提示词，减少不必要的模块和规则。
- 使用更直接的语言描述任务需求。
- 通过示例法（Examples）明确任务目标，减轻模型的推理负担。

3. 无法解决基础问题

结构化提示词无法直接解决模型的以下两个固有问题。

- **幻觉问题**：模型生成虚假或不准确的信息。
- **知识陈旧**：模型的知识截止于训练时间点，无法获取最新的信息。

具体**表现**为，即使提示词经过精心设计，模型仍可能输出错误或过时的内容。

解决方法如下。

- 对于幻觉问题，可以通过 Rules 模块增加约束，如"在任何情况下不得编造事实"。

- 对于知识陈旧问题，可以结合外部工具（如 API 调用或数据库查询）获取最新信息。

3.3.3 推理模型的结构化提示词

随着模型理解力的不断提升（如 DeepSeek-R1 等高性能模型），部分场景下对结构化提示词的依赖正在逐步减少。高性能模型能够在更少的指令下自主推理复杂问题，只需用户提供足够的背景信息，模型即可基于上下文生成准确且符合逻辑的输出。这种能力可以简化提示词的设计，用户无须过度关注提示词的结构化形式。

然而，即便在这种情况下，一些基础的提示词技巧仍然不可或缺，举例如下。

（1）**明确指令**：清晰地表达任务需求，避免模型误解或偏离目标。例如，明确指定输出格式或内容范围，如"生成一份不超过 500 字的总结报告"。

（2）**示例参考**：通过提供输入/输出示例，帮助模型更好地理解任务目标和期望结果。例如，提供类似任务的参考答案，作为模型推理的模板。

在部分场景下，尽管结构化提示词可以被简化，但基础的提示词技巧仍是维持模型输出质量的重要保障。在简化提示词的同时，用户需关注背景信息的完整性和指令表达的精准性，以充分发挥高性能模型的推理能力。

注意第 2 章中提到的，对于推理模型（如 DeepSeek-R1），建议不要在提示词中直接指定"思考步骤"，除非你希望模型严格按照步骤执行。

3.4 本章小结

通过本章的学习,相信你已经掌握了结构化提示词的基本概念和技巧。

(1) **结构化提示词的核心**:通过层级化和模块化设计,显著提升提示词的可读性和性能表现。

(2) **优势与应用**:在复杂任务和生产级场景中,结构化提示词展现出强大的适应性和灵活性。

(3) **编写方法**:通过构建全局思维链、保持上下文语义一致性、结合其他提示词技巧和模板化实践,可以编写出高质量的结构化提示词。

(4) **局限性**:我们需要根据模型能力调整提示词的复杂度,并结合实际需求优化提示词的设计。

第 4 章将探讨 DeepSeek 的特色功能玩法,帮助你发掘更多的创新应用。

第 4 章
特色功能玩法

本章将深入探索 DeepSeek 的特色玩法。这些玩法不仅让 AI 变得更加有趣和实用,而且为用户提供了针对不同场景的高效解决方案。无论你是职场精英、创意工作者,还是普通用户,都能通过这些玩法让 DeepSeek 成为你生活和工作中的得力助手。

4.1 人格分类模式

在日常生活和工作中,我们常常面临复杂的问题和多样化的需求。单一的思维方式往往会让我们受到局限,人格分类模式正是为了解决这个问题而设计的。通过模拟不同的人格特征,DeepSeek 能够从多个视角深度剖析问题,为用户提供更加全面、科学的解决方案。

4.1.1 什么是人格分类模式

人格分类模式是指,允许 AI 根据不同的场景和需求,展现出多样化的性格特征和专业特长。简单来说,你可以把它看作给

DeepSeek 换上了"不同的帽子"——它有时是严谨的专家,有时是幽默的创意者,有时又是耐心的老师。通过使用人格分类模式,用户可以获得更符合场景需求的回答。

为什么需要人格分类模式? 这是因为在现实中,我们常常需要从不同的角度看待问题。例如,在制订商业计划时,可能需要严谨的专家来分析市场数据;而在进行头脑风暴时,又需要创意型人格帮助激发灵感。人格分类模式的出现,正是为了满足这些多样化的需求,让 AI 更加贴近用户的实际场景。

人格分类模式的**核心特点**如下。

- **灵活切换人格**:根据具体需求选择不同的人格视角。
- **多样化回答**:针对同一个问题,提供多维度的解决方案。
- **场景化应用**:适用于商业决策、教育指导、创意策划等多种场景。

4.1.2 主要人格类型

我们可以利用 DeepSeek 实现多种人格类型,每种人格都有其特点和应用场景。以下是 4 种主要的人格类型及其详细介绍。

1. 专家型人格

专家型人格的**角色定位**为专家,其特点如下。

- 专业知识深厚,回答严谨而准确。
- 善于从数据和逻辑出发,分析问题。
- 注重细节,能够发现潜在的风险和优化点。

专家型人格的**适用场景**如下。

- 商业分析:需要严谨的数据分析和市场洞察。

- 科技咨询：需要对技术问题进行深入剖析。
- 风险评估：需要对方案的潜在问题进行预测。

假设你正在开发一款新型的智能硬件设备，希望了解产品的技术可行性。通过专家型人格，DeepSeek 会从技术架构、硬件选型、算法设计等方面入手，逐一分析可行性，并指出可能的技术瓶颈。

示例提示词如下。

> 作为一位资深的机器学习专家，请评估这个算法方案的可行性和潜在问题。

2. 教师型人格

教师型人格的**角色定位**是耐心的教育者，其特点如下。

- 讲解通俗易懂，善于将复杂问题简单化。
- 循序渐进地引导用户，帮助用户快速掌握知识。
- 善于举例说明，增强理解效果。

教师型人格的**适用场景**如下。

- 教育培训：需要将专业知识转化为易于讲述和理解的内容。
- 新手指导：帮助用户快速上手新技能或工具。
- 科普讲解：将复杂的科学概念通俗化。

假设你是一名家长，想帮助孩子理解二次函数的概念，但自己对数学的记忆已经模糊不清。这时，你可以让 DeepSeek 切换到教师型人格，并输入提示词。

示例提示词如下。

> 请以一位初中数学老师的身份，用通俗的语言解释什么是二次函数。

3. 创意型人格

创意型人格的**角色定位**是创意思考者,其特点如下。

- 思维发散,能够从不同角度提出新颖的想法。
- 创意丰富,擅长联想和突破传统思维框架。
- 善于结合趋势,提出具有前瞻性的创意。

创意型人格的**适用场景**如下。

- 营销策划:需要新颖的创意方案。
- 产品设计:需要创新的功能或特点。
- 内容创作:需要独特的写作或设计灵感。

假设你正在策划一款环保水瓶的营销推广活动。这款水瓶采用100%可回收材料制成,目标是吸引注重环保的年轻消费者,同时传递"环保从小事做起"的理念。你希望活动既能吸引眼球,又能让消费者感受到产品的环保价值。通过创意型人格,DeepSeek 可以为你提供独特的创意方案。

示例提示词如下。

请以创意总监的身份,为一款环保主题的产品想出 5 个独特的营销创意。

4. 辩论型人格

辩论型人格的**角色定位**是理性的辩手,其特点如下。

- 逻辑严密,能够清晰地论证观点。
- 善于从正、反两面分析问题,提供多角度的思考。
- 注重事实和数据,避免情绪化表达。

辩论型人格的**适用场景**如下。

- 观点论证：需要对某个观点进行深度分析。
- 决策支持：需要全面权衡不同选项的利弊。
- 辩论准备：需要准备正方、反方的论点和论据。

假设你是一名行业研究员，正在准备一场关于人工智能对就业市场影响的公开演讲。这场演讲的目标是，向听众清晰地展示人工智能如何改变就业格局，包括其带来的机遇与挑战。为了让内容更有深度和逻辑性，你选择使用辩论型人格，从正、反两方面分析AI对就业市场的影响，并提供综合建议。

示例提示词如下。

> 请从正、反两个角度，分析人工智能对就业市场的影响。

4.1.3 人格切换技巧

为了更好地利用人格分类模式，用户可以根据实际需求灵活地切换人格，甚至组合使用不同的人格类型。下面来看一个示例。

假设你是一名产品经理，正在为公司策划一款新型智能家居设备的设计方案。你需要在从创意到执行，再到汇报的完整流程中，充分利用不同人格的特点，确保方案既有创新性，又具备可行性，同时能清晰地传达给团队或客户。

第一步：使用创意型人格，通过头脑风暴，提出新想法。目标是激发创造力，提出尽可能多的创新想法，突破传统思维的限制。

示例提示词如下。

> **用创意型人格帮我头脑风暴一款智能家居设备的设计方案，要求它能提升用户的便利性和生活质量。**

DeepSeek 的返回结果如下。

以下是一款名为"Adaptive Life Hub(自适应生活中枢)"的智能家居设备的设计方案,整合环境感知、健康管理与预测式服务三大创新模块。

核心功能架构

① 环境基因图谱(Ambient DNA)
- 分布式传感器网络实时生成 3D 环境热力图
  - 温度/湿度/光照/空气质量四维动态建模。
  - 基于人体工学算法优化空间能量场分布。
- 智能微气候控制
  - 纳米级气流矩阵定向调节(办公区恒温/睡眠区控湿/儿童区空气灭菌)。
  - 自适应光疗系统(模拟晨光唤醒/午间活力光谱/黄昏褪黑素激发)。

② 生物节律引擎(Circadian Engine)
- 非接触式健康监测
  - 毫米波雷达捕捉呼吸/心率/体动数据。
  - 热成像追踪代谢水平变化。
- 个性化节律建模
  - 结合可穿戴设备数据构建专属生物钟模型。
  - 动态调整环境参数匹配昼夜节律相位。

③ 预见式服务矩阵(Proactive Service Grid)
- 智能补给预测
  - 通过物品重量传感器+图像识别预判日用品存量。
  - 联动电商平台生成最优补货方案(考虑保质期/优惠活动/碳足迹)。
- 空间效能优化

- 基于 UWB 定位的动线智能规划。
- 家电联动策略（咖啡机预热与闹钟同步/浴缸注水时间匹配通勤时间）。

技术亮点

- 量子神经网络：在本地端实现隐私安全的持续学习。
- 自进化接口：通过脑电波头带采集认知反馈优化交互逻辑。
- 碳感知计算：动态调节算力分配实现能效比最优。

用户价值

1. 健康先知：提前 2 小时预警偏头痛发作的风险，自动启动预防模式。

2. 时空折叠：将家务准备时间压缩 83%，创造更多生活可能。

3. 环境共融：将年度碳足迹降低 42%，构建可持续的生活空间。

该设备通过将空间智能从被动响应升级为主动塑造，重新定义人、环境与技术的关系。是否需要针对某个功能模块进行深入探讨？

第二步：使用专家型人格，通过评估可行性，筛选最优方案。目标是从创意型人格提供的想法中筛选出技术上可行、市场上有潜力的设计方案，并进行初步评估。

示例提示词如下。

用专家型人格分析这些智能家居功能的技术可行性和市场潜力，列出优先级。

DeepSeek 的返回结果如下。

基于技术成熟度曲线与市场需求矩阵分析，建议按以下优先级推进开发过程。

优先级矩阵

功能模块	技术可行性（1~5）	市场迫切性（1~5）	开发成本（1~5）	综合优先级
基础环境感知系统	4.2	4.8	3.1	★★★★★
健康监测基础版	3.9	4.5	3.8	★★★★
智能补给系统	3.5	4.2	4	★★★★
光疗调节系统	4	3.8	3.5	★★★★
代谢追踪系统	2.7	3.2	4.5	★★★
量子神经网络框架	1.8	2.5	4.8	★★
脑电波交互系统	1.5	2	4.9	★★

关键技术解析

a. 毫米波雷达生物监测（可行性：中）

- 技术现状：TI AWR6843 芯片已实现 60GHz 非接触式生命体征监测。
- 瓶颈：多目标识别精度（当前约为 85%）和家具遮挡问题。
- 建议：与 UC Berkeley（加州大学伯克利分校）的 RF-Pose 研究团队合作开发增强算法。

b. 动态光疗系统（可行性：高）

- 成熟方案：Philips Hue Synced 已实现基础场景联动。
- 突破方向：开发符合 CIE S026 光生物效应标准的自适应算法。
- 临床价值：联合医疗机构验证季节性情绪调节效果。

c. 预见式补给系统（可行性：中高）

- 技术组合：Intel RealSense D455 深度相机+应变片传感器误差补偿。
- 数据挑战：需建立超过 200 万组家庭物品特征库。

- 商业模式：与 Amazon Dash Replenishment 进行 API 级对接。

市场策略建议

短期聚焦（1~2 年）

- 推出"环境优化基础包"（温度/光照/空气）。
- 主打健康住宅概念，与 Well 建筑标准认证体系对接。
- 目标客群：30~45 岁科技新贵家庭（预计平均客单价为 799 美元）。

中期规划（3~5 年）

- 集成 FDA 认证的 II 类医疗设备功能。
- 开发建筑能源管理系统（BEMS）接口。
- 拓展商业场景（高端养老社区/智慧酒店）。

风险预警

- 隐私合规：欧盟 GDPR 对生物数据处理要求严格。
- 技术依赖：毫米波芯片供应链受地缘政治影响较大。
- 用户习惯：北美市场对自动化补给的接受度低于亚洲。

建议采用模块化架构设计，优先落地技术成熟度 7 级（TRL 7）以上的功能，同步开展医疗级功能认证。是否需要针对特定技术模块的供应链布局做进一步分析？

第三步：使用教师型人格，通过整理内容，使汇报内容更清晰。目标是将筛选出的方案整理成简单易懂的内容，方便向团队或客户汇报，确保信息清晰传达。

示例提示词如下。

用教师型人格将智能窗帘方案整理成一份清晰的汇报内容，适合向非技术背景的团队成员介绍。

DeepSeek 的返回结果如下。

智能窗帘系统项目汇报
——让阳光成为您的生活管家

一、项目背景

核心理念：通过窗帘自动化实现"环境—人"双向智能交互。

用户痛点：

- 早晨被刺眼阳光惊醒。
- 夏季空调能耗增加 30%。
- 老人/儿童忘记关窗导致安全隐患。

二、核心功能

a. 环境自适应模式

- 智能调节：根据室外光照强度自动开合（如正午关闭 60% 遮阳）。
- 天气联动：暴雨前自动关闭+推送关窗提醒。
- 节能模式：冬季白天最大化采光，降低供暖能耗。

b. 生活场景模式

- 晨起场景：闹钟前 30 分钟→窗帘开启 20%~100%（模拟日出过程）。
- 影院模式：语音指令"看电影"→窗帘关闭+氛围灯启动。
- 安全模式：长期外出时随机开合，模拟有人居住。

三、技术实现三步走

阶段 1：基础版（6 个月）

- 采用 ZigBee 协议窗帘电机（成本降低 40%）。
- 手机 App 预设 5 种场景模式。
- 内置 4 种典型户型的遮阳方案。

阶段 2：增强版（12 个月）

- 增加毫米波存在感应（检测室内人员的位置）。

- 学习用户作息（如周末自动延迟清晨开启时间）。
- 接入太阳能发电系统（降低30%耗电）。

阶段3：智慧版（18个月）
- 窗帘布料集成柔性光伏膜（自主供电）。
- 织物表面触控操作（滑动调节开合比例）。
- 与空调/照明系统深度联动。

四、用户价值卡片

受益群体	具体获益
上班族	通勤前自动调节室内亮度
老年人	跌倒时自动开窗呼救
物业方	楼宇整体节能达标
地产商	精装房溢价提升15%

五、实施计划表

时间线（季度）	里程碑	关键产出
Q1	原型验证	完成10户家庭的实测
Q2	供应链搭建	确定电机供应商短名单
Q3	首批量产	500套预售版交付
Q4	系统集成	接入主流智能家居平台

六、常见问题解答

停电怎么办？

→配备应急电池（维持3天基础功能）

现有窗帘能改造吗？

→提供导轨改装套件（适配90%主流轨道）

如何保障隐私？

> →本地化数据处理+物理遮挡开关（一键全部关闭）
> 下一步建议：开展用户习惯调研，重点验证"晨起渐进光照"功能的接受度。是否需要组织跨部门需求确认会？

通过组合使用不同类型的人格，可以在问题解决的各个阶段充分发挥各种人格的优势。

- 创意型人格负责发散思维，提出新想法。
- 专家型人格负责收敛思维，评估可行性。
- 教师型人格负责沟通思维，确保信息传递清晰。

这种做法不仅提高了解决问题的效率，还能确保方案从创意到执行，再到汇报的完整性和专业性。

4.2 预判与预言家模式

预判与预言家模式（简称"预判模式"）是 DeepSeek 提供深度分析和前瞻性建议的核心功能之一。通过模拟可能的场景、预测潜在的问题和需求，用户可以更全面地了解问题，并提前制定应对策略。这种模式适用于商业计划分析、产品设计、风险评估等需要多维度思考的场景。

4.2.1 模式原则

预判模式的核心在于**"提前思考，主动预测"**，即在回答问题之前，DeepSeek 会主动预测可能存在的障碍、需求或未来发展方向。这种模式基于以下 3 个原则。

1. 主动预测问题

DeepSeek 在回答问题前会主动分析已有信息，尝试预测可能遇到的障碍或风险。这种预测基于数据分析和情景模拟，能够帮助用户提前识别潜在问题。

该原则的特点如下。

- 通过结合数据和背景信息，找出潜在的风险点。
- 针对问题提出初步的解决方案或建议。

2. 延伸需求的预判

除了识别问题，预判模式还会从用户角度出发，预测未来可能的需求或延伸场景，以便用户在方案设计时更加全面。

该原则的特点如下。

- 从用户使用的场景和习惯中挖掘潜在需求。
- 提供产品或服务的迭代方向建议。

3. 情景模拟

通过假设不同的变量（如市场变化、政策调整），模拟最理想、最坏和最可能发生的情况，为用户提供多种应对策略。

该原则的特点如下。

- 模拟不同情景下的结果，帮助用户权衡利弊。
- 针对每种情况，给出相应的优化建议。

在预判模式下，DeepSeek 不只是被动地回答问题，而是主动站在全局视角，提供更具前瞻性的解决方案。

4.2.2 应用技巧

根据预判模式采用的原则，其有以下 3 种应用技巧。

1. 问题预判

当需要分析某个计划或方案时,可以利用问题预判技巧,提前识别可能存在的障碍和风险,并制定应对策略。

💡 **案例**

请在分析这个商业计划时:
1. 预判可能遇到的主要障碍。
2. 列出潜在的风险点。
3. 提供相应的应对方案。

DeepSeek 的返回结果如下。

1. 主要障碍的预判
(1)供应链与技术研发
- 障碍:硬件生产依赖海外芯片供应商,可能导致成本波动或交付延迟。
- 挑战:健康监测算法(如血压预测)的准确率需达到医疗级标准(>95%),研发周期长。

(2)市场接受度
- 障碍:消费者对新兴品牌的信任度低,需与 Apple Watch、华为等成熟品牌竞争。
- 挑战:高端定价(299 美元)可能超出目标用户(30~50 岁具有健康意识的人群)的心理预期。

(3)资金压力
- 障碍:硬件研发+量产需前期投入 500 万美元,现金流依赖预售和融资。

2. 潜在风险点

风险类别	具体风险
市场风险	需求不足导致库存积压；竞品降价引发价格战
技术风险	传感器精度未达预期；软件系统兼容性差（如仅支持 iOS 系统）
运营风险	代工厂产能不足；用户数据泄露引发合规问题
财务风险	融资进度延迟导致研发中断；毛利率低于 20% 的盈亏平衡点

3. 应对方案

（1）供应链与技术优化

- 多源采购：与 3 家芯片供应商签订分级合作协议，预留 6 个月的关键元件库存。
- 技术迭代：开放 API 接入第三方健康平台（如 Keep、MyFitnessPal 等 App），通过生态合作弥补算法短板。

（2）市场策略

- 精准获客
  - 初期聚焦保险/体检机构合作（如赠送设备绑定服务套餐）。
  - KOL 营销：邀请医疗专家开展 100 场直播，进行实测对比。
- 定价弹性：推出"以旧换新"计划和订阅制（软件服务年费为 99 美元）。

（3）风险管控

- 数据合规
  - 通过 ISO 27701 认证。
  - 用户数据本地化存储（在中国区部署私有云）。
- 融资预案
  - 设定融资里程碑（如首轮融资 200 万美元对应完成 Beta 版测试）。

> ○ 申请科技型中小企业创新基金（最高 50 万元补贴）。
>
> （4）应急方案
> - 库存风险：与电商平台确认"90 天无理由退货转二手"通道机制，损失率控制在 15%以内。
> - 法律风险：预留年度预算 5%用于知识产权诉讼和隐私保护专项基金。

具体应用如下。

- 在商业计划中，DeepSeek 可以预测市场竞争、资金短缺、团队能力不足等问题，并针对每个问题提出解决建议。
- 对于技术方案，DeepSeek 能预判技术瓶颈、开发周期拖延等风险，并提出优化建议。

2. 需求预判

在设计产品或服务时，需求预判可以帮助用户更好地理解目标用户的需求，并提前规划未来的功能迭代方向。

💡案例

> 在设计这个产品功能时，请：
> 1. 预判用户可能的使用场景。
> 2. 分析可能的延伸需求。
> 3. 提供未来的迭代建议。

DeepSeek 的返回结果如下。

> 虚拟产品：SafeHome 智能安防系统。
> （集成智能摄像头、门窗传感器、环境监测设备与 AI 算法的家庭安全解决方案）

一、用户核心使用场景预判

场景类型	典型用例
基础安防	离家自动布防、夜间门窗异常震动报警、烟雾/燃气泄漏实时推送
生活便利	快递临时授权开锁、家庭成员个性化识别（区分家人与陌生人）
紧急响应	AI识别入侵行为后联动报警、老人跌倒检测自动呼叫紧急联系人
多设备协同	离家模式触发关闭智能家电、回家模式自动开灯并解除安防警戒

二、延伸需求分析

a. 场景扩展

- **宠物友好模式**：AI忽略宠物正常活动轨迹，减少误报。
- **租赁适配**：临时住户权限管理（如时限、区域限制）。
- **能源安全**：水电用量异常监测（如水管爆裂预警）。

b. 技术增强

- **边缘计算**：本地化AI处理敏感数据，减少云端隐私风险。
- **3D空间建模**：通过摄像头构建家庭立体模型，精准定位异常点。

c. 服务延伸

- **保险联动**：安全数据作为家庭保险折扣依据。
- **社区网络**：异常事件自动通知附近住户（如有可疑人员徘徊）。

三、迭代建议

短期（1~2版本周期）

- **交互优化**：语音控制紧急模式（"SafeHome，启动警戒"）。
- **功能新增**：暴雨预警自动关窗（需兼容智能窗控设备）。
- **安全升级**：SIM卡双链路通信，防止网络切断导致失联。

中期（3~6个月）

- **算法升级**：行为模式学习（如识别保姆/家政人员常规行为路径）。

- 生态扩展：接入新能源汽车，车库出现异常时，自动录制车辆周边影像。
- 增值服务：7×24小时专业安防团队人工复核服务（订阅制）。

长期（1年以上）
- 元宇宙融合：AR眼镜远程查看实时安防状态。
- 市政联动：火灾预警直通消防系统（需政策支持）。
- 情感化设计：安全事件后自动启动安抚模式（如灯光/音乐调节）。

四、关键设计原则

a. **隐私红线**：所有数据采集需获得二次确认授权。

b. **渐进式激活**：新手引导分阶段释放高级功能。

c. **失效安全**：断网状态下保留核心本地化功能。

通过"场景—需求—迭代"的三层推进，构建从基础防护到情感化关怀的完整产品演进路径。

具体应用如下。

- **用户场景预判**：例如，在设计一款健身应用时，DeepSeek可以预测用户的使用场景包括家庭健身、户外跑步、健身房训练等。
- **延伸需求分析**：除基础功能外，DeepSeek可以预判用户可能需要的附加功能，如数据分享、社交互动、个性化训练计划等。
- **迭代建议**：根据技术发展趋势和用户反馈，DeepSeek可以建议未来版本增加AR健身指导、AI语音教练等功能。

3. 情景预设

情景预设是预判模式的重要应用之一，DeepSeek通过模拟不同的实施结果，帮助用户权衡利弊并制定应对策略。

💡**案例**

如果实施这个方案:
1. 最理想的情况是什么?
2. 最坏的情况是什么?
3. 最可能发生的情况是什么?
请分别给出分析和应对建议。

DeepSeek 的返回结果如下。

一、理想情况分析

场景表现

1. 市场接受度超预期(市场占有率 3 个月达 15%)。
2. 技术实现零故障(语音识别准确率达 99.2%)。
3. 生态链快速建立(接入 200 个以上的品牌设备)。

关键驱动因素

- 精准抓住市场需求痛点。
- 研发团队技术突破。
- 战略合作伙伴积极支持。

应对建议

▶ 立即启动二期产能扩张(预留 30% 冗余)。
▶ 申请核心算法专利(预计 6 项发明专利)。
▶ 建立开发者激励计划(预算 500 万美元/年)。

二、风险情景推演

灾难性场景

1. 发生重大隐私泄露事件(影响 300 万名用户)。
2. 竞品低价倾销(价格压低 40%)。
3. 供应链断裂(关键芯片缺货时间长达 18 周)。

风险传导路径

硬件缺陷 → 用户投诉激增 → 监管介入 → 品牌价值受损。

止损方案

- 启动 ISO 27001 应急响应流程（72 小时溯源）。
- 启用备选供应商名单（××国家××企业）。
- 推出以旧换新补偿计划（最高补贴 150 美元/台）。

三、概率最大情景

现实发展预测

- 首年实现 8% 市场渗透率。
- 用户满意度保持在 82~85 分区间内。
- 遭遇 3~5 次中等规模技术故障。

典型挑战

- 跨平台兼容性问题（影响 27% 的用户）。
- 售后服务响应延迟（平均 48 小时）。
- 内容合规审查成本超支（超预算 15%）。

稳健策略

① 建立模块化架构（支持热插拔组件更换）。

② 部署预测性维护系统（故障预警准确率达 92%）。

③ 设立风险储备金（占总预算的 8%）。

注：建议采用动态风险评估模型，每季度更新参数权重。

执行要点

1. 建立双周迭代机制（敏捷开发模式）。
2. 配置独立压力测试团队（占总人力的 20%）。
3. 签订对赌协议（关键供应商绩效绑定）。

该分析框架可用于新产品研发、市场扩张等各类商业场景，需根据具体方案参数调整评估指标。建议采用蒙特卡洛模拟进行量化风险评估，精确率在 ±7% 以内。

具体应用如下。

- **最理想的情况**：预测方案成功的最佳结果，如市场占有率提升、用户满意度提高等。**应对建议**是制订扩展计划，确保资源能够支持快速增长。
- **最坏的情况**：模拟失败的可能性，如产品无法按时交付、市场接受度低等。**应对建议**是制定应急预案，确保损失最小化。
- **最可能发生的情况**：综合理想和现实，预测最可能的结果，如产品按时交付但市场竞争激烈。**应对建议**是提前制定市场推广策略，确保产品具备足够的竞争力。

在预判模式下采用问题预判、需求预判、情景预设等技巧，帮助用户在复杂的决策过程中更全面地考虑问题。无论是制订商业计划、设计产品功能，还是评估项目风险，预判模式都能为用户提供深度的洞察和前瞻性的指导，让决策更加科学、高效。

4.3 "杠精"与说人话模式

在沟通与思考的过程中，我们常常需要切换不同的思维和表达方式，以便更好地解决问题和传递信息。"杠精"模式和说人话模式是两种截然不同但相辅相成的思维工具。

"杠精"模式强调批判性思维，帮助用户从各个角度审视问题，发现潜在风险，并提出改进建议。它适用于方案审核、风险评估和质量控制等场景。

说人话模式（人话代指规范、平和、正式的语言）专注于将专业化、复杂化的内容转化为通俗易懂的表达，便于跨领域沟通或向大众解释专业知识。

这两种模式就像一枚硬币的正、反两面，一个负责"挑刺"，另一个负责"润色"，共同帮助用户在思考和表达时更加全面、精准和高效。

4.3.1 "杠精"模式

"杠精"模式是一种以批判性思维为核心的分析方法。它强调从不同的角度全面审视问题，发现潜在风险和不足，并提出改进建议。这种模式看似是在"挑刺"，但其目的并非否定，而是使方案变得更完整、更可靠。

1. **基本用法**

在使用"杠精"模式时，可以从以下3个步骤入手。

（1）**找漏洞**：全面审视方案，找出所有可能的漏洞或问题。

（2）**提问题**：针对发现的漏洞，提出可能的影响或后果。

（3）**给建议**：提供具体的改进建议，帮助优化方案。

示例提示词如下。

> **请以挑剔的态度审视这个方案：**
> 1. 找出所有可能的漏洞。
> 2. 指出潜在的问题。
> 3. 提供改进建议。

2. **应用场景**

"杠精"模式的主要应用场景如下。

- **方案审核**：在项目评审或计划制订过程中，提前发现潜在问题。
- **风险评估**：分析可能的风险点，为决策提供支持。

- 质量控制：确保产品或服务达到预期标准。

3. 实际案例

💡 场景1：智能家居设备设计

示例提示词如下。

> 请以"杠精"模式审视以下智能家居设备设计，找出潜在问题并提出改进建议。

DeepSeek 的返回结果如下。

一、潜在问题清单（"杠精"版）

1. 致命安全漏洞
- 指纹模块能被硅胶膜破解（某实验室已证实）。
- 蓝牙配对码采用6位纯数字（暴力破解仅需18分钟）。
- 锁体抗扭力仅达120N·m（专业盗贼工具可达200N·m）。

2. "反人类"设计
- 电量低于5%时才推送通知（用户可能被困门外）。
- 应急钥匙孔隐藏在底部，需拆面板（紧急情况下无法操作）。
- App解绑流程需使用旧设备扫码（设备丢失即永久失控）。

3. 隐私黑洞
- 面部识别数据上传云端（欧盟GDPR合规性存疑）。
- 开门记录关联家庭成员的生物特征（数据泄露可重构用户画像）。
- 默认开启"产品改进计划"（持续上传门锁状态日志）。

4. 环境适应缺陷
- -10℃时电机扭矩下降40%（北方冬季故障率飙升）。
- 热带雨季湿度大于90%导致电路板腐蚀（3个月出现接触不良）。
- 公寓走廊逆向强光下摄像头过曝（人脸识别成功率骤降）。

二、改进建议（技术向）

1. 安全增强方案

- 生物特征+动态密码双因子认证（虹膜+时间戳加密算法）。
- 内置剪线报警模块（检测到锁体破坏自动触发110联动）。
- 自研TEE安全芯片（密钥存储与运算隔离防护区）。

2. 可靠性优化

- 双电池仓"热切换"设计（支持不断电更换电池）。
- 引入超级电容应急供电（满足48小时待机）。
- 机械冗余结构（电子系统失效时自动降级为传统锁）。

3. 隐私保护措施

- 边缘计算架构（生物特征本地处理不上云）。
- 差分隐私技术处理日志（开门时间模糊至±15分钟）。
- 物理隐私开关（可切断所有无线模块供电）。

4. 极端环境适配

- 航天级润滑剂（工作温度范围为-40℃~85℃）
- 三防纳米涂层（IP68防护等级）。
- 智能光感调节摄像头（支持10^5 lux动态范围）。

三、补充建议

- 建议增加"胁迫指纹"功能（识别特定指纹，自动发送求救信号）。
- 需内置电磁脉冲防护（防御特斯拉线圈攻击）。
- 应考虑量子计算威胁（预留抗量子加密升级接口）。

☼场景2：商业计划评估

示例提示词如下。

请用"杠精"模式分析以下AI编程课程的相关商业计划，找出可能的风险点并提出应对方案。

DeepSeek 的返回结果如下。

风险点 1：伪需求陷阱

"杠精"质疑

"职场人士真的需要专门学 AI 编程？现有免费教程（GitHub、Kaggle）和综合平台（Coursera）已经饱和，你们凭什么认为用户愿意付费？"

应对方案

- 需求验证：推出最小可行产品（MVP），提供 3~5 门免费试学课程，通过用户完课率、付费转化率等数据验证需求真实性。
- 差异化定位：聚焦细分领域（如 AI+金融建模、低代码 AI 工具开发），与通用平台形成差异。
- 捆绑企业合作：与企业签订人才定制培养协议，将 C 端需求转化为 B 端刚需。

风险点 2：获客成本黑洞

"杠精"质疑

"线上教育平均获客成本超过 300 元/人，你们的初期预算仅为 50 万元，够用几个月？小红书/抖音投流转化率不足 1%怎么办？"

应对方案

- 精准流量池：聚焦技术社区（CSDN、知乎技术专栏）进行内容营销，通过免费技术干货引流，降低广告依赖。
- 裂变机制：推出"邀请 3 人解锁高阶课程"和"学员项目展示排行榜"等社交裂变工具。
- 私域沉淀：在企业微信+知识星球中构建闭环社群，提升用户生命周期价值。

风险点 3：技术迭代反噬

"杠精"质疑

"AI 技术半年迭代一次，今天教 TensorFlow，明天流行 PyTorch

Lightning,课程研发速度跟得上吗?师资团队是否具备持续更新能力?"

应对方案
- 模块化课程架构:将课程拆分为"基础理论+工具实操+案例库",工具层内容支持快速替换。
- 产学研联动:与 AI 实验室、开源社区合作,获取前沿技术动态,签约兼职导师(如 Kaggle Grandmaster)。
- AI 辅助生产:用 GPT-4 自动生成代码案例,用 Stable Diffusion 制作示意图,压缩内容生产成本。

风险点 4:现金流断崖

"杠精"质疑

"教育行业预收款模式看似现金流健康,但若用户退款率超 20% 或续费率低于 30%,那么资金链必崩。你们的财务模型考虑过极端情况吗?"

应对方案
- 收入多元化:个人订阅(60%)+企业年框(30%)+认证考试(10%);推出"99 元盲盒课"(随机解锁一门高阶课)提升边际收益。
- 风控准备金:强制留存 30% 预收款作为保证金,应对集中退款。
- 对赌融资:A 轮融资协议约定"续费率高于 40% 时触发自动跟投条款",降低断资风险。

风险点 5:政策合规上的可能雷区

"杠精"质疑

AI 教学内容若涉及数据隐私、算法伦理问题,或被突然叫停。资质牌照申请、内容审核机制设置到位了吗?"

应对方案
- 资质前置:申请在线教育备案和《ICP 许可证》,课程标注"教学演示数据已脱敏"。

- 伦理委员会：设立由外部专家组成的 AI 伦理审查组，所有案例需通过合规性评估。
- 政策预警系统：接入教育行业监管数据库，AI 实时扫描政策变动关键词（如"生成式 AI 教育限制"）。

4.3.2 说人话模式

说人话模式是一种将专业、复杂的内容转化为通俗、易懂的表达方式的技巧。它强调用生活化的语言、具体的例子和简单的逻辑，让不同背景的用户都能快速理解核心内容。

说人话模式的核心特点如下。
- **化繁就简**：将专业术语和复杂概念简化为易懂的语言。
- **贴近生活**：通过生活化的比喻和例子，让内容更具亲和力。
- **增强互动**：以轻松、有趣的方式传递信息，优化沟通效果。

1. **基本用法**

在使用说人话模式时，可以遵循以下原则。
- **生活化比喻**：用日常生活中的例子将专业概念解释清楚。
- **避免使用太多术语**：尽量减少使用专业术语，或对术语进行简单解释。
- **增加例子**：通过具体场景或实例，帮助用户理解抽象概念。

示例提示词如下。

> 请将以下专业内容转化为大众能理解的语言：
> 1. 使用生活化比喻。
> 2. 避免使用太多专业术语。
> 3. 增加具体例子。

2. 应用场景

说人话模式的主要应用场景如下。

- **跨领域沟通**：帮助专业人士向非专业人士解释复杂的概念。
- **教育科普**：将科学知识转化为易于理解的内容。
- **产品推广**：用通俗语言向用户介绍产品功能和优势。

3. 实际案例

💡 **场景1：区块链技术**

示例提示词如下。

> 请用说人话模式向普通用户解释区块链技术，要求：
> 1. 使用生活化比喻。
> 2. 避免使用技术术语。
> 3. 增加具体例子。

DeepSeek 的返回结果如下。

想象一下你们小区有个公共"记事本"，记录着每家每户的快递存放情况。这个记事本的神奇之处如下。

1. 集体记账：每家物业前台（而不是某一家快递站）都有完全相同的记事本。当张阿姨帮李叔叔代收了快递，所有人都会在自己的本子上写下："11月5日，3号楼201收件人暂存包裹到2号楼302"。

2. 永久留痕：就像用钢笔墨水写字后，记事本的每页都会被塑封。王某某想偷偷把"代收包裹"改成"代收衣物"，但发现要同时修改小区所有物业前台的共200本记事本才能成功。

3. 透明追溯：当快递员质疑包裹去向时，不需要打电话询问，直接翻开任意一本记事本就能看到完整记录，从包裹进入小区开始，经过张阿姨代收、李叔叔领取，每个环节都有对应住户的签名。

现实案例：当你网购大闸蟹时，区块链就像全程直播的运输监控。捕捞员、冷链车、快递员及每个经手人都在透明箱子上进行电子签名，任何环节调换货品都会立即被发现。当你收到快递时，手机扫码就能看到完整的防伪运输链。

💡场景2：AI自适应学习系统

示例提示词如下。

请用说人话模式解释AI自适应学习系统的工作原理，要求：
1. 用通俗的语言。
2. 增加生活化的例子。
3. 适合家长理解。

DeepSeek的返回结果如下。

我来用家长能听懂的大白话解释AI自适应学习系统，就像解释一个聪明的"学习教练"怎么工作。

1. 先做"体检"——看看孩子哪里会、哪里不会

就像孩子感冒了医生要先量体温一样，系统会先让孩子做几道题，快速判断孩子哪些知识点像"没拧紧的水龙头"（有漏洞），哪些像"结实的砖头"（掌握牢固）。例如，做5道分数计算题，错3道就说明这里需要补习。

2. 定制"学习地图"——该补漏洞还是盖高楼

好比去游乐园前规划路线，系统会根据检测结果给孩子规划最合适的学习路径。就像小明乘法口诀不熟就先练计算，小红几何好就直接学进阶内容，不会让所有孩子都从头开始学。

3. 实时"智能导航"——走错路马上提醒

就像手机导航发现堵车会自动换路线，当孩子做题时：
- 连续做对→自动升级难度（像游戏通关）。

- 突然卡壳→马上弹出讲解视频（像教练喊暂停）。
- 总在同类题上出错→退回基础知识点补课（像系好鞋带之后再跑步）。

4. 每周"成长报告"——学习情况一目了然

就像健身房的体测仪，系统会把孩子每天学了多久（学习时长）、哪些知识点变扎实了（进步点）、哪些地方像"松动的积木"（薄弱项）还要加固等都用彩色图表告诉家长，比考试成绩单更清楚。

举个生活化的例子：小明用这个系统学英语，系统发现他动词时态总出错，就自动把"一般现在时"动画课推到他的主页，同时减少他已经掌握的单词练习。就像妈妈发现孩子不爱吃青菜，就把青菜切碎混进孩子爱吃的蛋炒饭里，既补充营养，又让孩子愿意吃。

家长最需要知道的 3 件事：

1 AI 自适应学习系统不是冷冰冰的刷题机器，而是会思考的"电子老师"。

2 防止孩子无效刷题（"会的题反复做，不会的题就跳过"）。

3 比普通网课节省 30% 的时间（因为不学已经掌握的内容）。

使用 AI 自适应学习系统就像给每个孩子配备了专属家教，只不过这个"老师"口袋里装着十万题库和所有知识点讲解视频，且 24 小时待命。

💡 场景 3：5G 网络的优势

示例提示词如下。

请用说人话模式向普通用户解释 5G 网络的优势，要求：
1. 避免使用太多的技术术语。
2. 使用日常场景举例。
3. 让用户感受到 5G 的实际好处。

DeepSeek 的返回结果如下。

5G 网络就像给手机上网装上了"超能力",用 3 个接地气的场景带你感受它的好处。

1. 下载快到"飞起"

以前用 4G 下电影要泡杯茶等进度条,现在 5G 就像闪电侠——点击"下载"按钮,泡面还没撕开调料包,一部高清电影已经"躺"在手机里了。

2. 人山人海不卡顿

春运时在火车站扫码进站时,4G 可能卡成"转圈圈表情包"。5G 就像给网络加了 10 条 VIP 通道,就算 10 万人同时刷短视频,你照样能丝滑地视频通话。

3. 隔空操作零延迟

用手机远程开空调时,4G 可能有 2 秒延迟(就像喊话经过山谷回音)。5G 让智能家居秒响应,你点"关灯"按钮的瞬间,200 公里外的家里就黑了——仿佛有隐形的魔法开关。

4. 8K 直播身临其境

看演唱会直播时,5G 能传输超清画面(8K 分辨率),连歌手脸上睫毛膏晕染的细节都看得清。就像把 IMAX 影院塞进手机,还自带 360 度视角切换功能。

5. "马路杀手"终结者

当自动驾驶遇上 5G,就像给汽车装上"千里眼":前方 3 公里处有事故,你的车比导航 App 还早 10 秒知道,自动规划新路线,比老司机反应更快。

简单说,5G 就是让网络世界和现实世界"无缝对接",就像给你的手机插上了隐形的翅膀——快到你没空发呆,稳到忘记卡顿,智能到像有个贴身管家。

4.4　本章小结

通过本章的学习，相信你已经掌握了 DeepSeek 的特色功能玩法。

（1）灵活运用不同人格模式可以获得更专业的回答。

（2）预判模式有助于全面思考问题，提前预警风险。

（3）"杠精"和说人话模式各有特定用途，前者注重批判性思维，后者强调通俗表达。

（4）创新玩法可以激发更多可能性，为用户提供全新的 AI 互动体验。

在第 5 章中，将通过实际案例进一步探索 DeepSeek 的应用潜力，帮助你了解 DeepSeek 的更多实际价值。

第 5 章
场景实战应用

在现代生活和工作中，AI 助手已成为不可或缺的工具。如何充分发挥 DeepSeek 的潜力，真正解决实际问题呢？本章将通过多个具体应用场景，手把手教你如何用 DeepSeek 提升效率、优化工作流程，为生活增添便利。无论是文案创作、数据分析、商业策划，还是学习辅助，DeepSeek 都能成为你的得力助手。

5.1 文案创作

文案创作是日常工作中最常见的需求之一，无论是社交媒体的短文案还是广告标题，好的文案总能直击人心。借助 DeepSeek，可以快速生成高质量的文案，不仅节省时间，还能提供创意灵感。本节将通过多个实例展示如何使用 DeepSeek 满足不同场景的文案需求。

5.1.1 营销文案

营销文案是企业推广产品和服务的重要手段，优秀的文案能够迅速抓住用户的注意力，激发购买欲望。本节将展示如何利用

DeepSeek为社交媒体和广告设计吸引力强、转化率高的营销文案。

1. 社交媒体文案创作

💡案例

> 小明是一名护肤品销售员,他需要为一款主打保湿和自然修复的护肤霜设计朋友圈文案,吸引目标用户购买。

示例提示词如下。

> 请帮我创作一组社交媒体文案。
> 产品:深海修复保湿霜,富含深海矿物质,主打全天候锁水、修复屏障。
> 目标受众:25~35岁女性,注重护肤效果,追求自然健康。
> 文案要求如下。
> 字数:50~80字/条。
> 数量:5条。
> 风格:轻松活泼。
> 必须包含:产品优势、情感共鸣、行动召唤。

DeepSeek的返回结果如下。

> 🌊【深海水动力,肌肤喝饱水!】
> 干燥起皮?熬夜暗沉?深海矿物质+48小时锁水黑科技,帮你重建屏障肌!每天2分钟,脸蛋嘭弹像喝饱胶原蛋白~戳👇限时加赠小样,这个冬天,做自己的水光女孩!
>
> ✨【熬夜小姐姐的续命霜】
> "带妆12小时也不卡粉的秘密"💼深海修复霜悄悄填平干纹,边保湿边修护!办公室空调再猛也不怕,下班约会依旧水润在线~库存告急,手慢无!

> 🌙【晚安霜：熬夜≠垮脸】
>
> 月亮不睡你不睡？🌛不怕！深海矿物夜间密集修护，醒来肌肤自带柔焦滤镜~ 薄涂一层=8 小时 SPA 级保湿，现在下单立减 30 元，和暗沉说拜拜💤
>
> 🌵【沙漠皮急救指南】
>
> 换季泛红干到炸？💦深海霜一抹化水，3 秒吸收！98%用户反馈"7 天逆转沙漠肌"~ 加入购物车，打造同款水光肌，今天也是被自己美醒的一天！
>
> 🌸【懒人护肤终极答案】
>
> "既要又要？深海霜全搞定！"一瓶=保湿+修护+妆前打底，天然矿物质温和到敏感肌尖叫~第 2 件半价倒计时，精致女孩的梳妆台 C 位等你来认领✨

在社交媒体文案创作中，提示词的设计关键在于**明确核心信息**（如产品特点和优势）、**精准定位目标受众**（如用户特征和需求），以及**突出文案需求**（如风格、字数和情感共鸣）。通过组合这些要素，可以引导 DeepSeek 生成既有吸引力又具备转化力的文案。

2. 广告文案创作

💡**案例**

> 为一款高效学习 App 设计广告标题，吸引学生和职场人士下载使用。

示例提示词如下。

> 请为以下产品创作 10 个广告标题。
>
> 产品信息：高效学习 App "LearnMax"，主打功能包括智能时间管理、个性化学习计划、海量题库和实时进度追踪。

> 核心卖点：快速提升学习效率，精准掌握知识点。
> 要求：
> 突出痛点和解决方案。
> 使用 AIDA（Attention-Interest-Desire-Action）模型。
> 每个标题不超过 15 个字。

DeepSeek 的返回结果如下。

1. 学习低效？智能规划助你效率翻倍！
2. 告别拖延！30 天逆袭计划精准攻克难点
3. 知识点总遗漏？实时追踪让你掌握 99%
4. 学霸秘籍：个性化计划+海量题库突击
5. 每天 2 小时，LearnMax 助你弯道超车！
6. 时间总不够？AI 帮你榨干每分学习力
7. 错题反复错？精准诊断弱点一网打尽
8. 学习像导航！实时进度条拒绝无效努力
9. 效率翻 3 倍！定制你的学霸养成计划
10. 考前焦虑？智能拆解目标稳赢考场

AIDA 模型贯穿逻辑：

- 前 5 条侧重 Attention（痛点唤醒）→Interest（方案吸引）。
- 后 5 条强化 Desire（成果向往）→Action（场景化指令）。
- 动词+数字+场景词增强驱动力，如"逆袭""翻倍""99%"等。

在广告文案创作中，有效提示词的关键在于**明确核心卖点**（如"快速提升学习效率"）、**聚焦用户痛点和解决方案**（如"学习低效"和"精准掌握知识点"），并结合**文案模型**（如 AIDA 模型）进行结构化引导。通过短小精悍的标题设计，突出吸引力和行动驱动力，确保文案直击目标用户需求。

5.1.2 内容创作

内容创作是传递信息和分享价值的重要方式,尤其是在知识型和指导型文章中,清晰的结构和逻辑是吸引读者、提升阅读体验的关键。本节将展示如何利用 DeepSeek 为不同的主题设计逻辑流畅、重点突出的文章框架,帮助创作者高效完成内容策划,从而更精准地触达目标读者。

1. 设计文章结构

💡案例

为一篇关于"如何用 AI 提升职场效率"的文章设计框架。

示例提示词如下。

请为一篇关于"如何用 AI 提升职场效率"的文章设计框架。
文章定位:职场人士,目标是学习如何通过 AI 工具优化日常工作。
要求:
设计 3 级标题结构。
为每个标题配备核心内容要点。
注意逻辑的流畅性。
标注重点章节。

DeepSeek 的返回结果如下。

以下是关于"如何用 AI 提升职场效率"的文章框架设计,采用三级标题结构并标注了重点内容。
一、AI 赋能职场:从认知到实践
(重点章节:建立基础认知)

1. AI 如何改变现代职场

自动化流程替代重复性工作。

数据分析与决策支持能力。

人机协作模式升级。

2. 职场人必备的 AI 思维

工具化思维：AI 是效率杠杆。

数据驱动思维：从经验决策到智能决策。

持续学习思维：跟进技术迭代。

二、核心场景：AI 工具的高效应用

（重点章节：实操指南）

1. 智能时间管理

日程优化：AI 日历（如 Clockwise）自动协调会议时间。

任务优先级：NotionAI 生成智能待办清单。

会议效率：Fireflies.ai 自动记录会议纪要。

2. 高效沟通与协作

邮件处理：Grammarly 优化商务写作，SaneBox 智能分类邮件。

文档协作：ChatGPT 辅助生成报告框架。

跨语言沟通：DeepL 实时翻译技术文档。

3. 数据分析与决策

数据清洗：Trifacta 自动化整理杂乱数据。

可视化呈现：Tableau GPT 生成动态图表。

市场预测：Causal AI 模拟业务场景。

4. 专业技能提升

AI 学习助手：Coursera 推荐个性化课程。

简历优化：Rezi AI 匹配岗位 JD 关键词。

面试模拟：MockInterview.ai 生成实战题库。

三、落地策略：从工具选择到风险规避

1. 职场 AI 工具选型指南

匹配原则：需求场景>技术先进性。

成本评估：免费工具（如 ChatGPT）与企业级方案进行对比。

集成能力：与现有办公系统（如钉钉、飞书）的兼容性。

2. 应用误区与风险防范

数据安全：敏感信息脱敏处理规范。

过度依赖：保持人类决策的最终审核权。

伦理边界：AI 生成内容的版权声明。

3. 持续进化方法论

建立 AI 工具资源库（推荐 Notion 模板）。

定期参加 AI 办公效率工作坊。

构建个人 AI 技能评估体系。

四、未来展望：AI 与职场人的共生关系

预测性 AI：提前预警项目风险。

情感计算：优化团队协作氛围。

元宇宙办公：AI 驱动的虚拟协作空间。

重点章节标注说明如下。

第二章节（核心场景）需配备详细案例与工具对比。

第三章节（落地策略）应提供可操作的 checklist。

风险防范部分需用醒目的标签提示法律合规要点。

该框架兼顾工具实操与战略思考，符合从认知到实践的职场学习路径，建议通过"场景痛点→解决方案→工具推荐"的三段式展开内容。

在设计文章结构时，提示词的设计关键在于**明确文章目标**（如

"职场人士学习 AI 工具")、**清晰的结构要求**（如三级标题、逻辑流畅性），以及**标注重点章节**。通过细化主题、场景和具体内容要点，提示词能够有效引导 DeepSeek 输出符合预期的文章框架，同时确保逻辑性与可操作性。

2. 内容扩写

💡**案例**

为一篇关于"如何高效备考"的文章扩写内容。

示例提示词如下。

请基于以下大纲扩写内容。
大纲：
备考时间管理。
知识点梳理与复习。
模拟测试与反馈。
扩写要求：
每个段落 300~500 字。
增加实例和数据支持。
注意过渡自然。
语言风格应轻松易懂。

DeepSeek 的返回结果如下。

一、备考时间管理

备考就像跑马拉松，合理分配体力才能坚持到终点。建议用"四象限法则"将任务分为"紧急重要、重要不紧急、紧急不重要、不紧急不重要"四个维度。例如，某高三学生在最后三个月备考时，将数学压轴题归类为

"重要不紧急",每天固定投入 45 分钟进行专项训练,而将英语单词背诵划为"紧急重要",利用早读和睡前碎片时间完成。数据显示,使用时间管理工具(如番茄 ToDo、Forest)的学生群体,日均有效学习时长比无计划者多 1.8 小时。

过渡小技巧:尝试用"2 小时模块化学习法",每完成一个学习模块奖励 10 分钟休息,既能保持专注度,又能避免疲劳战。例如,将物理公式推导+真题练习组成一个模块,完成后听一首歌或做拉伸,学习效率可提升 30%。

二、知识点梳理与复习

知识体系就像拼图,缺失一块就会影响全局认知。以高中数学为例,用"思维导图法"将函数、几何、概率等模块可视化后,某考生发现自己对三角函数公式的记忆完整度仅为 60%,针对性复习后模考成绩提升 22 分。

实战案例:化学实验题常考仪器选择与操作顺序,某考生通过整理近五年真题,发现分液漏斗的使用频率达 73%,而冷凝管搭配方向的错误率高达 68%,于是有针对性地制作记忆卡片,最终化学实验题的得分率从 51%跃升至 89%。

三、模拟测试与反馈

模考不仅是压力测试,更是校准复习方向的指南针。北京某重点高中曾进行对比实验:A 组每周完成 2 套全真模拟+错题分析,B 组仅做日常练习。8 周后,A 组平均分提高 41 分,显著高于 B 组的 19 分。关键秘诀在于建立"3 步分析法":第一步用红笔标注错题知识点(如生物光合作用暗反应阶段),第二步是统计各章节的错误率生成雷达图,第三步是针对薄弱区进行"专题爆破"。

数据洞察:根据艾宾浩斯遗忘曲线,在模考后 24 小时内复习错题效果最佳,记忆留存率可达 75%,而拖延到 3 天后复习,记忆留存率仅剩

34%。例如,某考生在模考后立即整理数学导数题的解题思路,两周后的同类型题目正确率从37%提升至82%。

小贴士:别让模考分数成为心理负担!某高分考生曾分享,他把每次模考失误都看作"提前暴露的彩蛋",高考前累计修正了127个知识漏洞,最终逆袭夺冠。

在内容扩写过程中,提示词的设计需要**明确扩写目标**(如"每段300~500字")、**提供具体大纲**(如"备考时间管理"和"知识点梳理与复习"),以及**设定扩写要求**(如"增加实例和数据支持"和"语言风格轻松易懂")。通过细化扩写需求,提示词能够引导DeepSeek输出翔实、生动且逻辑清晰的内容,确保扩写的内容既有深度,又易于理解。同时,提示词中的过渡要求和实例补充能让扩写内容更具连贯性和说服力,提升读者的阅读体验。

5.2 数据分析

数据分析是现代决策的基础。通过对数据的解读和可视化展示,可以帮助用户快速发现问题、制定策略。DeepSeek不仅能高效地完成数据解读,还能生成专业的分析报告和可视化方案。本节将结合实际场景,展示如何用DeepSeek提升数据分析效率。

5.2.1 数据解读

数据解读是数据分析的第一步,通过对趋势、对比和相关性进行分析,可以为业务决策提供有力支持。本节将展示如何利用DeepSeek解读销售数据趋势并进行多维度对比分析。

1. **数据趋势分析**

💡案例

某电商平台希望分析近一年中某品类产品的销售趋势，以指导未来的营销策略。

示例提示词如下。

请分析以下数据的发展趋势。

数据集：某品类产品近 12 个月的销售额。

分析维度：

整体走势。

关键转折点。

影响因素。

未来预测。

输出格式为图表+文字说明。

DeepSeek 的返回结果如下。

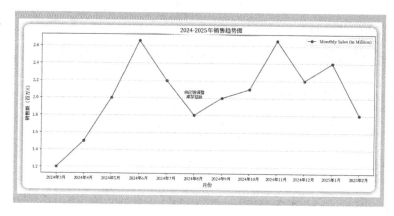

分析报告

一、整体走势

通过折线图可见以下信息。

- **季节性波动**：Q2~Q3（4~6月）呈稳定增长，Q4（10~12月）受促销季影响达到峰值。
- **年增长率**：从2024年3月的120万元到2025年2月的180万元，同比增长50%。
- **周期性特征**：每年6月（年中促销）和11月的"双11"形成销售高峰。

二、关键转折点

a. 2024年6月（+33%）：首次突破200万元大关，系首次参与"618"大促。

b. 2024年8月（-18%）：供应链调整导致库存短缺。

c. 2024年11月（+33%）："双11"单月销售额超260万元，创新高。

三、影响因素

驱动因素	影响说明
☑ 促销活动	"618"和"双11"期间日均销量达平日的3倍
⚠ 供应链	8月因原料短缺损失约30万元的潜在销售额
VS 市场竞争	12月竞品降价导致环比下降11%
❄ 季节性	Q1受春节影响，物流停运导致销量下滑

四、未来预测（2025年3~5月）

Python

```python
# 基于移动平均法的预测模型
import numpy as np
last_3 = [200, 180, 230]  # 最近3个月数据
```

```
weights = np.array([0.2, 0.3, 0.5])
print(f"预测值: {np.dot(last_3, weights):.0f}万")   # 输出: 208万
```

预期趋势：

a. 3月：春节后复苏期（预测208万元±5%）。

b. 4月：新品上市带动增长（预计230~250万）。

c. 5月：预热"618"促销（可能突破300万元关口）。

建议措施：提前布局"618"大促备货，优化供应链响应速度，建议Q2备货量增加40%。

在数据趋势分析场景中，提示词的设计需要**明确分析目标**（如"指导未来营销策略"）、**提供具体数据集**（如"某品类产品过去12个月的销售额"），以及**设定分析维度**（如"整体走势""关键转折点""影响因素""未来预测"）。

2. 数据对比分析

💡**案例**

某公司希望对两款产品的销售数据进行对比分析，以优化资源分配。

示例提示词如下。

请对比分析以下数据。

A组：产品A过去6个月的销售额。

B组：产品B过去6个月的销售额。

对比维度：

绝对值差异分析。

增长率比较。

波动特征分析。

相关性分析。

DeepSeek 的返回结果如下。

一、绝对值差异分析

Python

```
差值 = [A-B for A,B in zip(A_data, B_data)]
# 结果: [27, 26, 12, 11, 5, -17]
```

关键发现：

- 前 5 个月产品 A 持续领先（最大差距为 27 万元）。
- 最后 1 个月产品 B 反超 17 万元。
- 差距收敛速率：每月缩小约 8.8 万元。

二、增长率比较

Python

```
def calc_growth(data):
    return [(data[i]/data[i-1]-1)*100 for i in range(1,len(data))]

A_growth = [10.4%, 2.9%, 9.9%, 4.5%, 7.4%]   # 平均 7.0%
B_growth = [14.3%, 16.1%, 11.5%, 9.0%, 21.5%]  # 平均 14.5%
```

趋势特征：

- 产品 B 保持双位数增长（标准差为 5.3%）。
- 产品 A 的增速更稳定（标准差为 3.1%）。
- 最后 1 个月产品 B 的增速达 21.5%，实现反超。

三、波动特征分析

指标	产品A	产品B
标准差	18.3	32.6
极差	50	94
变异系数	0.13	0.27

结论：产品B的销售波动性显著高于产品A（变异系数高107%）。

四、相关性分析

皮尔逊相关系数：0.89（强正相关）。

综合结论☑

a. **市场渗透阶段**：前5个月产品A凭借先发优势保持领先。

b. **增长爆发期**：产品B通过年末促销（第6个月）实现弯道超车。

c. **协同效应**：强相关性（r=0.89）显示两者共享渠道及客群资源。

d. **风险差异**：产品B的高增长伴随更大的波动性（标准差高78%）。

建议：在保持产品A稳定销售的同时，重点关注产品B在第4~5个月的增速回落问题，优化库存策略以应对波动风险。

在数据对比分析中，提示词的设计关键在于**明确分析目标**（如"优化资源分配"）、**清晰的对比维度**（如绝对值差异、增长率、波动特征、相关性）。通过细化数据组别、对比维度和输出要求，提示词能够有效引导DeepSeek提炼关键趋势与优化建议，确保分析结果的实用性与对决策的支持价值。

5.2.2 报告生成

数据报告是日常工作中不可或缺的一部分，尤其是在汇报、决策和战略制定中。通过使用DeepSeek，可以快速生成结构清晰、图文结合的分析报告,并提供数据可视化建议。本节将通过两个场景展示如何使用 DeepSeek 高效地完成报告生成任务。

1. 生成数据分析报告

💡**案例**

某公司需要制作一份月度销售数据分析报告,用于团队会议或管理层决策。报告需涵盖核心数据指标、趋势分析、详细解读及改进建议。

示例提示词如下。

请基于以下数据生成分析报告。
- 数据来源:2025 年 1 月销售数据。
- 报告结构:
  1. 执行摘要。
  2. 数据概览。
  3. 详细分析。
  4. 结论建议。
- 要求:
  1. 图文结合。
  2. 重点突出。
  3. 逻辑清晰。

DeepSeek 的返回结果如下。

2025 年 1 月销售数据分析报告
1. 执行摘要
  ☑ **核心发现**:全月销售额突破 1.2 亿元,同比增长 18%(行业平均增长 9%)。

- 🔥 **明星产品**：智能家居设备占比 42%。
- ⚠️ **待优化项**：西南地区库存周转率低于均值 32%。
- 📈 **关键趋势**：线上直播渠道环比增长 87%。

2. 数据概览

关键指标矩阵

指标	数值	同比变化
总销售额	12870 万元	0.18
日均订单量	3850 单	0.22
客单价	889 元	0.05
新客户占比	37%	0.14
退货率	2.80%	−0.50%

数据分布

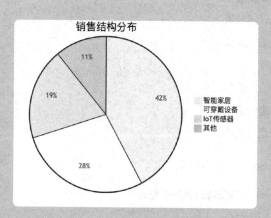

3. 详细分析

3.1 品类表现

增长引擎如下。

- 智能门锁:2890万元(增长45%)。
- 健康监测手环:1820万元(增长33%)。

需关注品类如下。

- 智能灯泡:库存周转天数达62天(行业均值为45天)。

3.2 渠道分析

渠道效能对比如下。

渠道类型	转化率	客单价	复购率
直播电商	8.20%	720元	25%
平台直营	6.10%	980元	38%
线下体验店	3.70%	1250元	45%

4. 结论建议

战略重点如下。

🔧 **库存优化**:建立智能预测模型,重点优化西南地区IoT传感器的库存配置。

💡 **渠道赋能**:将直播团队扩充至20人,搭建私域流量中台。

🚀 **产品迭代**:针对健康监测手环开发血压监测功能(预计Q3上线)。

风险预警如下。

⚠ 关注原材料价格波动(芯片成本已上涨12%)。

⚠ 加强数据安全防护(本月检测到3次异常访问)。

在生成数据分析报告时,提示词的设计关键在于**清晰描述数据来源**(如时间、类型和背景)、**明确报告结构**(如章节安排和内容重点),以及**突出生成要求**(如图文结合、逻辑清晰和重点突出)。通过组合这些要素,可以引导DeepSeek生成内容完整、条理清晰且具有实用价值的分析报告。

2. 设计数据可视化方案

💡案例

某公司需要设计季度财务报告的数据可视化方案,用于向管理层汇报,需明确图表类型、配色方案、布局建议和交互设计。

示例提示词如下。

请为以下数据提供可视化建议。
- 数据类型:
  1. 季度收入趋势(时间序列)。
  2. 各部门支出占比(占比)。
  3. 预算执行情况(对比)。
  4. 关键指标变化(多维度)。
- 展示目的:向管理层汇报财务状况。
- 建议包含:
  1. 适合的图表类型。
  2. 配色方案。
  3. 布局建议。
  4. 交互设计。

DeepSeek 的返回结果如下。

以下是针对管理层财务汇报的可视化方案设计,采用专业的商务风格,并注重信息传达效率。

一、图表类型建议

1. 季度收入趋势
　○　主图表:带数据标记的折线图(突出季度节点)。
　○　辅助元素:添加趋势线(线性回归)和同比增幅注释。

- 示例：x 轴表示时间，y 轴表示金额（单位：百万元）。

2. 各部门支出占比
- 主图表：环形图（中心可显示总金额）。
- 辅助视图：树状图（同时展示占比和绝对值）。
- 特殊处理：将"其他"类别设为灰色，前三大部门用对比色。

3. 预算执行情况
- 对比图表：瀑布图（展示从预算到执行的变化过程）。
- 差异显示：子弹图（同时显示实际值、预算值和绩效区间）。
- 预警标识：超支 10% 以上用红色三角标注。

4. 关键指标变化
- 多维展示：雷达图（适用于不超过 6 个维度）。
- 动态组合：联动散点矩阵图（PC 端适用）。
- 移动端适配：指标卡轮播（带升降箭头）。

二、配色方案（基于 IBM Carbon 设计系统优化）

1. 主色系
- 深空蓝 #0F62FE（核心指标）。
- 晨雾灰 #8D8D8D（基准线/背景）。
- 翡翠绿 #24A148（正向指标）。
- 警示红 #FA4D56（风险指标）。

2. 辅助色
- 渐变蓝调：从#DBEFFF 到#002D9C（时间序列渐变）。
- 部门区分色：采用#78A9FF/#BAE6FF/#D0E2FF 等邻近色。

三、布局架构（适用于 16:9 演示屏幕）

1. 视觉动线：Z 型布局（左上→右下）。
2. 负空间：保持 30% 留白，重点图表加 1px 边框。
3. 响应式规则如下。

- 桌面端：4 列网格（24px gutter）。
- 移动端：2 列堆叠（16px gutter）。

四、交互设计规范

1. 基础交互

- 渐进式披露：单击图表标题展开计算逻辑。
- 动态焦点：悬停显示预测置信区间。
- 智能注释：异常值自动弹出解释弹窗。

2. 高级功能

- 参数调节器：拖动时间滑块重算同比。
- 情景模拟：双击预算柱形输入假设值。
- 跨图表联动：选择部门高亮相关数据。

3. 辅助功能

- 快捷键：Space 键全局重置视图。
- 语音控制："显示 Q3 细节"（需浏览器支持）。
- 色觉优化：提供色盲模式切换按钮。

五、增强型设计要素

1. 动态水印：显示数据更新时间戳。
2. 安全边界：敏感数据自动模糊（权限控制）。
3. 打印优化：保留核心图表的 A4 竖排布局。
4. 动画逻辑：数据更新采用向右擦除效果（时长≤500ms）。

建议使用 Observable 或 Plotly 实现动态可视化，配合 Material-UI 组件库保证跨平台一致性。对于现场汇报，可预渲染关键帧并准备备用静态 PDF 版本。

在设计数据可视化方案时，提示词的设计关键在于**明确展示数据的类型**（如时间序列、占比、对比、多维度）、**清晰表达展示目**

的（如用于决策支持或向管理层汇报），以及**具体化展示需求**（如图表类型、配色方案、布局和交互设计）。通过组合这些要素，可以引导 DeepSeek 提供直观、美观且符合目标受众需求的数据可视化方案。

5.3 商业策划

商业策划需要有清晰的逻辑和全面的数据支持，它是企业制定战略目标、开展市场活动的核心环节。借助 DeepSeek，用户可以快速完成市场分析、竞品对比，以及营销策略和运营计划的制订。本节将通过多个实际场景，展示如何利用 DeepSeek 提升商业策划的效率和质量。

5.3.1 市场分析

市场分析是商业策划的基础，通过深入了解市场环境、用户需求和竞争格局，可以为企业的产品定位和战略决策提供有力支持。本节将展示如何利用 DeepSeek 高效完成竞品分析和市场调研。

1. 竞品分析

💡案例

某公司希望对市场中 3 款主要竞品进行全面对比分析，为新产品上市制定差异化策略。

示例提示词如下。

请对以下竞品进行分析。
目标产品：智能健身手环 FitPro。
竞品列表如下。

1. Brand A：主打高性价比，功能集中在基础运动监测。
2. Brand B：定位高端健康，强调健康数据分析和个性化建议。
3. Brand C：专注于社交功能，支持好友互动和运动排行榜。

分析维度：
1. 产品定位。
2. 功能特性。
3. 价格策略。
4. 用户评价。
5. 市场份额。

输出：对比矩阵+优劣势分析。

DeepSeek 的返回结果如下。

根据现有信息，我为您整理竞品分析如下。由于搜索结果与目标品牌的匹配度较低，以下分析基于常规的市场认知框架。

一、对比矩阵（核心维度）

分析维度	FitPro（目标产品）	Brand A（性价比）	Brand B（高端健康）	Brand C（社交功能）
定位	中端全功能健身伴侣	入门级运动监测	医疗级健康管理	社交激励型运动装备
功能	运动模式识别+睡眠分析	基础步数/心率监测	心电图/血压监测	运动社区/成就分享
	基础健康指标预警	久坐提醒	定制健康方案	实时位置共享
价格	599~899 元	199~399 元	1299~1999 元	699~999 元
评价	续航优势明显	故障率较高（7%）	数据分析专业度受认可	社交黏性强

续表

分析维度	FitPro（目标产品）	Brand A（性价比）	Brand B（高端健康）	Brand C（社交功能）
评价	数据分析深度有待提升	操作简单易用	操作复杂学习成本高	健康功能存在误差
份额	新兴品牌（约8%）	低端市场龙头（35%）	专业领域领先（22%）	年轻群体首选（18%）

二、优劣势雷达图（图示建议）

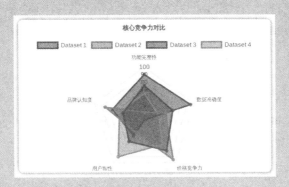

三、破局建议

a. **精准卡位**：在500~1000元价格带建立技术壁垒，避免与Brand A/B直接竞争。

b. **功能创新**：开发"运动场景AI教练"功能，融合以下功能。

- 动作捕捉纠错。
- 实时语音指导。
- 训练负荷智能调节。

c. **生态联动**：与主流运动App（Keep/悦跑圈）建立数据互通，解决生态孤岛问题。

在需要获取具体的销售数据或用户画像时，可进行定向市场调研。

在竞品分析过程中，提示词的设计关键在于**明确分析对象**（如目标产品和主要竞品）、**详细列举分析维度**（如产品定位、功能特性、价格策略等），以及**规定输出形式**（如对比矩阵和优劣势分析）。通过组合这些要素，可以引导 DeepSeek 生成系统化、全面且具有实际参考价值的竞品分析报告，为产品决策提供有力支持。

2. 设计市场调研方案

💡案例

某初创公司计划推出一款智能家居产品，希望通过市场调研明确目标用户的需求和价格敏感度。

示例提示词如下。

请设计一份市场调研方案。

研究目的：了解智能家居产品的潜在用户需求和购买意愿。

调研内容：

1. 目标用户画像（年龄、职业、收入水平）。

2. 需求痛点分析（如安全性、便利性、价格等）。

3. 竞品使用情况（使用频率、满意度）。

4. 价格敏感度（可接受的价格区间）。

方法建议如下。

1. 调研方式：问卷调查+深度访谈。

2. 样本设计：覆盖一线城市（北上广深）和二线城市（杭州、成都、西安等）。

3. 问卷结构：分为基础信息、需求偏好、竞品使用习惯、价格期望

DeepSeek 的返回结果如下。

智能家居产品市场调研方案

一、研究背景

随着物联网技术发展与消费升级,智能家居市场呈现快速增长态势。本调研旨在为产品研发与市场策略提供数据支撑,精准捕捉用户的核心需求。

二、研究目标

a. 建立目标用户三维画像模型(人口属性+行为特征+心理认知)。

b. 识别用户需求优先级及产品改进方向。

c. 构建竞品动态监测体系。

d. 确定价格弹性区间与溢价接受度。

三、研究设计

(一)混合研究方法

方法	样本量	执行方式	数据维度
定量问卷	1800份	线上+线下	结构化数据
深度访谈	40人	焦点小组+1v1	质性数据

(二)分层抽样框架

地理分布

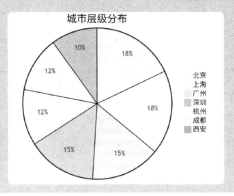

人口特征配额

Python
```python
# 样本结构控制参数
age_groups = {
    "18-25": 25%,
    "26-35": 40%,
    "36-45": 25%,
    "46+": 10%
}
income_levels = {
    "<8k": 15%,
    "8-15k": 45%,
    "15-30k": 30%,
    "30k+": 10%
}
```

四、执行方案

（一）问卷架构

a. 基础属性模块

- 智能设备持有量（IoT 指数计算）。
- 技术接受度量表（TAM 模型适配）。

b. 需求分析模块

Markdown
```
### 请对以下需求项进行优先级排序[强制排序法]
1. 远程安防监控
2. 语音交互体验
```

3. 跨设备联动
4. 能耗管理
5. 个性化场景设置

竞品体验矩阵

评价维度	小米	华为	海尔	海外品牌
易用性				
稳定性				
服务响应				

价格敏感测试（PSM 模型）

（二）深度访谈指南

主题 1：使用场景还原

"请描述您最近一次使用智能家居设备的具体情境"（STAR 法则应用）。

主题 2：决策路径分析

Markdown

- 信息获取渠道：电商平台/社群推荐/KOL 测评
- 决策影响因子：技术参数/设计美学/品牌背书
- 购买阻碍点：数据安全疑虑/安装复杂度/学习成本

五、数据分析模型

a. 聚类分析（K-means）构建用户分群。

b. 联合分析（Conjoint Analysis）量化属性偏好。

c. 价格弹性曲线拟合。

d. 语义网络分析（访谈文本挖掘）。

六、项目周期

阶段	时间窗	交付物
问卷预测试	W1	信效度检验报告
实地执行	W2~W3	原始数据库
深度洞察	W4	需求热力图
策略建议	W5	产品机会矩阵

七、质量控制

a. 问卷逻辑跳转校验（避免路径偏差）。

b. 录音转录双盲校对（访谈数据）。

c. 异常值三重筛查机制。

八、预算构成

项目	费用明细
问卷平台	20000 元（含逻辑校验）
访谈激励	48000 元（1200 元/人*40）
数据分析	35000 元（含建模服务）
差旅费用	15000 元（覆盖二线城市）
合计	118000 元

九、成果输出

a. 用户需求三维图谱（基础需求/期望需求/兴奋需求）。

b. 产品竞争力 SWOT 矩阵。

> c. 动态定价模拟器（不同配置组合）。
> d. 市场进入路线图（含风险预警）。
>
> [注]本方案已预留15%的样本扩容空间,可根据初期发现动态调整研究重点。

在设计市场调研方案时,提示词的设计关键在于**明确研究目的**（如了解用户需求和市场机会）、**详细规划调研内容**（如用户画像、需求痛点、竞品分析等），以及**具体化调研方法**（如调研方式、样本设计和问卷结构）。通过组合这些要素,可以引导 DeepSeek 生成全面、可执行且具有科学性的市场调研方案,为市场决策提供可靠依据。

5.3.2 策略制定

策略制定是商业策划的核心环节,明确的目标和执行计划可以有效推动企业的市场拓展和业务增长。本节将展示如何利用 DeepSeek 快速设计营销策略和运营计划。

1. 设计营销策略

💡案例

某电商平台计划为新上线的生鲜配送服务制定营销方案,吸引城市白领用户。

示例提示词如下。

请设计一份营销策略方案。
产品/服务：城市生鲜配送服务 FreshX。
目标：提升新用户注册量和首单转化率。

方案内容如下。

1. 市场定位：城市白领，25~40 岁，追求高效生活。

2. 目标用户：一线城市职场人士，注重食品品质和配送时效。

3. 营销渠道：社交媒体（如抖音、小红书）、外卖平台广告、线下社区活动。

4. 推广方式如下。

    - 首单优惠（如满 50 元减 20 元）。
    - 免费试吃体验（线上报名，线下领取）。
    - 会员积分体系（每单返积分，可兑换礼品）。

5. 预算分配如下。

    - 线上推广：50%。
    - 线下活动：30%。
    - 会员运营：20%。

6. 效果评估：通过注册量、首单转化率和复购率等数据衡量。

DeepSeek 的返回结果如下。

FreshX 城市生鲜配送服务营销策略方案

一、核心策略定位

Slogan 提案："30 分钟鲜达，职场精英的餐桌管家"。

二、渠道策略优化

a. 社交媒体运营（预算占比 35%）

○ 抖音

▶ 打造#职场鲜食记话题挑战赛（KOL 示范 3 分钟料理教程）。

▶ 信息流投放：精准定向 CBD 区域用户（早 7~9 点/晚 6~8 点时段）。

○ 小红书

▶ 建立"FreshX 鲜食研究院"企业号。

- ✅ 每周发布《5分钟星级料理》图文教程。
- ✅ 用户 UGC 激励计划（晒单返现 5 元）。

b. 外卖平台合作（预算占比 15%）

- 🔗 美团/饿了么开屏广告（午间 11:30~13:00 时段）。
- 📦 包装植入：随单配送"第二单立减券"。

c. 线下场景渗透（预算占比 30%）

- ○ 智慧社区计划

🏢 与高端物业合作设置智能保鲜柜（带注册二维码）。

🎁 开展"周五鲜品日"（现场注册送 30 元蔬菜盲盒）。

- ○ 企业联盟计划

💼 针对 500 人以上企业推出：

- ✅ 企业专属折扣码。
- ✅ 茶水间体验品鉴会。

三、转化提升设计

a. 首单加速计划

💰 阶梯优惠

- ○ 注册即领 20 元优惠券（满 50 元可用）。
- ○ 下单后分享得 15 元分享券（裂变激励）。

b. 体验式营销

🍓 鲜品体验包

- ○ 新客专享 1 元购价值 39 元尝鲜包（含 3 款当季水果和 2 款精品蔬菜）。
- ○ 开发"智能推荐"功能（基于用户资料推荐套餐）。

c. 会员体系升级

🎯 X 会员计划

- ○ 成长型积分（消费 1 元=2 积分，推荐 1 人=100 积分）。
- ○ 权益设计如下。

- ✤ 银卡：专属客服+周三免配送费。
- ✤ 金卡：优先配送权+每周专属菜谱。
- ✤ 钻石卡：私人营养师咨询（月消费满 2000 元解锁）。

四、数据监测体系

指标维度	监测工具	优化机制
注册转化率	Google Analytics+自有 CRM	实时调整落地页设计
首单客单价	后台交易系统	动态优惠券发放策略
次日留存率	用户行为分析平台	触发式短信提醒机制
社交裂变率	分销系统数据看板	KOC 培养计划

五、预算执行方案

总预算分配（以 100 万元为例）

- 线上获客：50 万元（含信息流广告 35 万元+KOL 合作 15 万元）。
- 线下拓展：30 万元（社区活动 20 万元+企业合作 10 万元）。
- 会员运营：20 万元（积分兑换 10 万元+专属活动 10 万元）。

风险对冲机制

a. 预留 15%预算作为动态调整资金。

b. 建立 A/B 测试小组（每周迭代 3 版素材）。

c. 签约第三方物流备用团队保障履约。

六、执行时间轴

- 📅 启动期（第 1~2 周）：完成渠道谈判与素材准备。
- 🚀 爆发期（第 3~4 周）：全渠道集中投放。
- 🔧 优化期（第 5~6 周）：数据复盘与策略调整。
- 📆 持续期（第 7~12 周）：会员深度运营与场景渗透。

注：建议配套开发"紧急补货"功能（针对漏买食材，提供 30 分钟加单服务），提升用户依赖度。

在设计营销策略时,提示词的设计关键在于**明确营销目标**(如提升注册量和转化率)、**详细描述方案要素**(如市场定位、目标用户、营销渠道等),以及**具体化执行细节**(如推广方式、预算分配和效果评估指标)。通过组合这些要素,可以引导 DeepSeek 生成全面、可落地且具有实操性的营销策略方案,为市场推广提供清晰的执行路径。

2. 制订运营计划

💡**案例**

某初创公司计划在未来 6 个月内推广一款新型智能水杯,目标是提升市场认知度并实现月销量突破 10000 个。

示例提示词如下。

请制订一份运营计划。
项目:智能水杯 AquaSmart。
周期:6 个月。
计划内容如下。
1. 阶段性目标:按每月划分具体目标(如销量、用户增长)。
2. 具体执行措施:包括线上/线下推广、渠道拓展、用户互动等。
3. 资源配置:团队分工、预算分配、合作伙伴选择。
4. 风险控制:识别潜在风险并制定应对策略。
5. KPI 设定:明确每个阶段的关键绩效指标。

DeepSeek 的返回结果如下。

智能水杯 AquaSmart 的 6 个月运营计划

一、阶段性目标（按月划分）

阶段	核心目标
第1月	完成产品测试与优化，建立线上预售渠道，实现种子用户积累（目标：500名用户以上）
第2月	启动线下体验式营销，达成首月销量1500台，App激活率≥80%
第3月	拓展3个省级代理渠道，月销量突破3000台，用户复购率≥15%
第4月	开展跨界联名营销，实现社交媒体曝光量超过100万，用户社群规模达5000人
第5月	进驻主流电商平台TOP 3品类榜单，月销售额突破200万元
第6月	建立用户忠诚计划，NPS（净推荐值）≥35，用户留存率≥60%

二、具体执行措施

1. 线上推广体系

- 社交媒体运营

▶ 抖音/小红书每周发布3条创意短视频（饮水场景+健康数据可视化）。

▶ KOL合作：签约10位健康/科技类达人进行开箱测评。

▶ 搭建#智能饮水挑战赛#话题，设置智能水杯抽奖机制。

- 电商平台运营

▶ 天猫/京东旗舰店上线"饮水计划定制服务"。

▶ 每月15日开展"健康饮水日"限时折扣（购买即赠健康手环配件）。

▶ 搭建AI客服系统，提供24小时饮水方案咨询服务。

2. 线下渠道布局

- 体验式营销

▶ 在10个重点城市CBD设立"快闪"体验站（配备体脂检测+饮水建议打印）。

▶ 与连锁健身房合作推出"购杯送私教饮水计划"套餐。

- 渠道拓展
  - 第 3 月完成对苏宁、顺电等 3C 渠道的铺货。
  - 第 5 月进入盒马鲜生健康产品专区。
  - 建立分级代理体系：省级代理首批订货量超过 500 台可获 15% 返点。
3. 用户运营策略
- 社群运营
  - 建立 VIP 用户社群，每日推送个性化饮水提醒。
  - 开展"连续 21 天打卡返现"活动（完成目标返还 30% 购机款）。
- 数据驱动运营
  - 通过 App 收集用户饮水数据，每月生成《个人饮水健康报告》。
  - 设置饮水成就系统（铜杯/银杯/金杯等级奖励）。

三、资源配置

模块	资源配置
团队分工	市场部（5 人）、产品部（3 人）、销售部（8 人）、客服部（4 人）、技术运维（2 人）
预算分配	总预算 280 万元：产品研发 20%、营销推广 45%、渠道建设 25%、风险预留 10%
合作伙伴	华为运动健康（数据接口）、Keep（联合营销）、顺丰（物流专线）、微盟（私域运营）

四、风险控制

风险类型	应对策略
供应链风险	建立 3 家备选供应商，保持核心部件 2 个月安全库存
市场接受度风险	设置用户试用期（7 天无理由退换+30 天质量问题换新）
竞争风险	每月更新固件功能（如新增咖啡因摄入计算），保持技术领先
数据安全风险	通过 ISO27001 认证，用户数据采用区块链分布式存储

五、KPI 设定

阶段	核心 KPI
第 1 月	预售订单转化率≥40%、产品 Bug 修复响应时间<24 小时
第 2 月	线下体验点日均咨询量≥50 人、App 次日留存率≥65%
第 3 月	渠道铺货达成率 100%、用户客单价≥299 元
第 4 月	联名产品销售额占比≥25%、社群用户 UGC 内容产出量≥200 条/月
第 5 月	电商平台搜索排名 TOP3、广告投放 ROI≥1:5
第 6 月	老用户推荐购买率≥30%、客服满意度评分≥4.8/5

执行要点：每月 25 日召开跨部门复盘会，根据用户行为数据动态调整运营策略，预留 10% 的预算用于捕捉突发营销机会。

在制订运营计划时，提示词的设计关键在于**明确项目信息**（如产品类型和计划周期）、**细化计划内容**（如阶段目标、执行措施、资源配置等），以及**设定评估标准**（如风险控制和 KPI 指标）。通过组合这些要素，可以引导 DeepSeek 生成系统化、可执行且便于跟踪的运营计划，为项目实施提供清晰的行动指南。

5.4 学习辅助

在学习过程中，AI 工具不仅能帮助用户高效获取知识，还能通过个性化的学习规划和实时反馈提升学习效果。本节将展示如何利用 DeepSeek 进行学习辅助，针对从知识点梳理到考试备考的过程，全方位优化学习体验。

5.4.1 知识整理

知识整理是学习过程中提升效率的重要环节,清晰的知识结构和重点梳理能够帮助学习者快速掌握核心内容,明确复习方向。本节将展示如何利用 DeepSeek 对复杂的知识体系进行高效整理,包括思维导图和重点标注,为学习者提供清晰的知识框架。

1. 知识点梳理

💡案例

某大学生正在备考一门计算机网络课程,希望通过清晰的知识结构和重点整理,提高复习效率。

示例提示词如下。

请帮我梳理以下课程的知识点。
课程名称:计算机网络。
核心内容如下。
1. 网络分层模型(如 OSI 七层模型)。
2. 数据传输协议(TCP/IP 协议)。
3. 网络安全(如加密、认证、防火墙)。
4. 应用层协议(如 HTTP、DNS)。
输出要求如下。
1. 以思维导图的形式列出主要知识点。
2. 针对每个知识点提供简要说明。
3. 标注考试常考内容。

DeepSeek 的返回结果如下。

以下是以文本形式模拟的计算机网络课程中知识点的思维导图,包含简要说明及常考标注。

计算机网络知识体系
1. 网络分层模型 ★★★

├── OSI 七层模型（理论框架）
│   ├── 物理层：比特流传输（网线/光纤）★
│   ├── 数据链路层：MAC 地址/帧传输（交换机）★
│   ├── 网络层：IP 地址/路由选择（路由器）★★★
│   ├── 传输层：端到端连接（TCP/UDP）★★★
│   ├── 会话层：建立/管理会话
│   ├── 表示层：数据格式转换
│   └── 应用层：用户接口
└── TCP/IP 四层模型（实际应用）
    ├── 网络接口层（物理+数据链路）
    ├── 网际层（IP/ICMP）★★
    ├── 传输层（TCP/UDP）★★★
    └── 应用层（HTTP/DNS 等）

2. 数据传输协议 ★★★★

├── TCP 协议
│   ├── 三次握手建立连接 ★★★
│   ├── 四次挥手断开连接 ★★★
│   ├── 可靠传输（确认/重传机制）
│   └── 流量控制（滑动窗口）★
├── UDP 协议
│   └── 无连接/尽最大努力交付
└── IP 协议
    ├── IPv4 地址分类（A/B/C 类）★
    ├── 子网划分（CIDR）★★★
    └── NAT 技术原理 ★★

3. 网络安全 ★★
├── 加密技术
│   ├── 对称加密（AES）★
│   └── 非对称加密（RSA）★★
├── 认证机制
│   ├── 数字证书（CA 机构）★
│   └── HTTPS 握手过程 ★★★
└── 防火墙
    ├── 包过滤防火墙
    └── 应用代理防火墙

4. 应用层协议 ★★★
├── HTTP 协议
│   ├── 请求方法（GET/POST 区别）★★★
│   ├── 状态码（200/404/500）★★
│   └── 持久连接/管线化
└── DNS 协议
    ├── 域名解析过程（递归/迭代）★★
    ├── 资源记录类型（A/CNAME/MX）★
    └── DNS 缓存机制

【标注说明】

★★★★：高频考点。

★★★：常见考点。

★★：中等频率。

★：基础知识点。

【典型考题示例】

1. TCP 三次握手过程（画图说明）。

2. 子网划分计算（给定 IP 地址和子网需求）。

3. HTTP 与 HTTPS 的核心区别。

4. ARP 协议的工作过程。

5. 路由器与交换机的区别。

建议重点掌握带★★★及以上的内容，并配合抓包工具（如 Wireshark）进行协议分析实践。

在知识点梳理过程中，提示词的设计关键在于**明确课程信息**（如课程名称和核心内容）、**详细列举知识模块**（如网络分层、协议类型等），以及**具体化输出要求**（如展示形式、内容深度和重点标注）。通过组合这些要素，可以引导 DeepSeek 生成结构清晰、重点突出且便于理解和记忆的知识体系整理。

2. 优化学习笔记

💡案例

小李是一名大学生，他希望将凌乱的课程笔记整理成清晰的知识框架，以便复习。

示例提示词如下。

请优化以下学习笔记。

原始笔记内容如下。

第一章：基本概念（定义、公式）。

第二章：应用案例（案例1、案例2）。

优化要求：

结构重组。

重点突出。

添加例证。

知识链接。

DeepSeek 的返回结果如下。

学习笔记优化版

一、核心概念体系

1.1 基础定义解析

- 核心概念：通过集合论视角阐释基本定义（如概率空间=（Ω，F，P））。
- 关键特征：可测性、归一性、可列可加性。
- 例证：用骰子实验解释样本空间 Ω={1, 2, 3, 4, 5, 6}。

1.2 核心公式体系

▶ 典型例题：医疗诊断中的假阳性问题计算（附详细推导过程）。

二、实践应用图谱

2.1 金融风险建模

- 案例背景：某投资银行信用风险评估系统。
- 技术路径

a. 建立违约概率模型（如 Logistic 回归）。

b. 压力测试场景构建。

c. VaR 值计算与验证。

- 数据实例：2008 年次贷危机中的 CDO 定价失败案例。

2.2 工业质量控制

- 创新应用：六西格玛管理中的 SPC 控制图。
- 实施流程：数据采集->过程能力分析->控制线设定->异常检测。
- 实际效果：某汽车厂商的良品率提升 37% 的实证数据。

三、知识网络构建

3.1 学科交叉链接

- 概率论→统计学：大数定律与抽样调查。
- 随机过程→金融工程：布朗运动与期权定价。

3.2 延伸学习资源

- 📚 经典文献：《概率论及其应用》（William Feller 著）。
- 🌐 在线课程：MIT 的 "6.041 概率系统分析和应用概率"。
- 🔬 研究前沿：概率图模型在 AI 诊断中的应用。

在优化学习笔记时，提示词的设计关键在于**提供原始内容**（如章节结构和主要内容）、**明确优化要求**（如结构重组、重点突出等），以及**具体化优化方向**（如添加例证和建立知识链接）。通过组合这些要素，可以引导 DeepSeek 对原有笔记进行系统性改进，使其条理更加清晰、重点突出且易于理解和复习。

5.4.2 学习规划

学习规划是实现目标的重要前提，科学合理的计划能够帮助学习者高效分配时间，兼顾薄弱点突破与强项巩固。本节将展示如何利用 DeepSeek 为不同学习需求制订个性化的学习计划，从时间管理到复习策略，帮助学习者在有限时间内实现最佳学习效果。

1. 制订学习计划

💡案例

一名高三学生希望在最后 3 个月内冲刺高考，制订一份科学高效的学习计划，兼顾薄弱科目和强项巩固。

示例提示词如下。

请为以下高三学生制订学习计划。

学生情况如下。

1. 学科成绩：数学（弱项，平均分 70），英语（中等，平均分 85），语文（强项，平均分 110）。

2. 学习时间：每天可投入 8 小时复习时间。

3. 目标：数学提升至 90 分以上，英语提升至 95 分以上，语文保持稳定。

输出要求如下。

1. 按周划分学习计划（每周 7 天）。

2. 每天具体安排：时间段+学习内容。

3. 提供复习建议和注意事项。

DeepSeek 的返回结果如下。

以下是针对高三学生的四周学习计划，重点提升数学和英语成绩，同时保持语文优势。

☆第一周：基础巩固阶段

每日时间表（8:00～22:00，含午休 1 小时）

8:00～10:00 数学：函数与导数专题（公式推导+基础题训练）。

10:15～11:45 英语：高频词汇背诵（100 词/天）+语法改错专项。

14:00～15:00 语文：文言文实词整理+1 篇阅读理解。

15:15～16:45 数学：立体几何专题（模型拆解+真题训练）。

17:00～18:00 英语：完形填空专项（2 篇/天）。

19:30～20:30 语文：作文素材积累（时事热点+名言整理）。

20:45～21:30 综合：当日错题复盘+标记疑难问题。

☆第二周:专项突破阶段

每日时间表调整

8:00~10:00 数学:概率统计专题(数据解读+应用题强化)。

10:15~11:45 英语:阅读理解提速训练(限时3篇/40分钟)。

14:00~15:00 语文:古诗鉴赏答题模板整理。

15:15~16:45 数学:解析几何专题(坐标系构建+计算规范)。

17:00~18:00 英语:七选五+短文改错专项。

……(其他时段同第一周)

☆第三周:综合强化阶段

新增安排

周三/周六晚 19:30~21:30:数学/英语模拟考(近3年真题)。

周日:全科错题重做+知识脑图整理。

☆第四周:冲刺调整阶段

每日重点

8:00~10:30 数学:压轴题突破(每日1道)+选填限时训练。

10:45~12:00 英语:作文模板打磨(书信+议论文)。

14:00~15:00 语文:作文审题训练(3题/天)。

……(其他时段侧重薄弱环节)

☆复习建议与注意事项

1. 数学提分策略

○ 每日保证50分钟基础题训练(确保选择填空正确率>85%)。

○ 建立"三级错题本"。

Level 1:计算失误(红色标记)。

Level 2:思路错误(黄色标记)。

Level 3:知识盲区(蓝色标记)。

2. 英语突破要点
- 实施"532 单词法"。

5 分钟：快速浏览新词。

3 分钟：联想记忆法巩固。

2 分钟：英汉互译检测。

- 每周精析 2 篇高考范文，积累 10 个高级句式。

3. 语文维稳技巧
- 文言文每日"3+2"训练。

3 分钟：快速翻译指定段落。

2 分钟：重点虚词归类。

- 作文保持每周 2 篇提纲训练+1 篇全文写作。

4. 时间管理工具
- 使用"番茄钟工作法"（45 分钟学习+5 分钟休息）。
- 每周日 21:30～22:00 进行学习效率自评，示例如下。

1. 本周目标达成率 ＿＿＿＿％
2. 时间浪费 TOP 3 原因 ＿＿＿＿
3. 下周改进措施 ＿＿＿＿

☆注意事项

1. 每日保证 6～7 小时睡眠，午休不超过 1 小时。
2. 每周安排 2 次 30 分钟运动（如跳绳、快走）。
3. 每完成 3 小时学习后做眼保健操。
4. 遇到知识卡点立即标记，每周集中请教老师。
5. 考前两周调整生物钟，严格按高考时间模拟。

（注：可根据实际进度动态调整各科时间分配，但需确保数学每日不少于 3 小时、英语不少于 2 小时、语文不少于 1 小时）

在制订学习计划时，提示词的设计关键在于**明确学生现状**（如各科成绩和可用时间)、**设定具体目标**(如分数提升目标),以及**详细规划执行方案**(如时间分配和学习内容)。通过组合这些要素,可以引导 DeepSeek 生成个性化、可执行且具有针对性的学习计划,帮助学生实现学习目标。

2. 设计复习策略

💡**案例**

> 小明准备参加公务员考试,他希望设计一份复习策略,集中攻克重点难点。

示例提示词如下。

> 请设计一份复习策略。
> 科目/领域:公务员考试。
> 时间周期:3 个月。
> 策略内容如下:
> 重点难点梳理。
> 复习顺序安排。
> 记忆方法建议。
> 练习题推荐。

DeepSeek 的返回结果如下。

> 以下是针对公务员考试的 3 个月复习策略设计,包含重点难点梳理、复习顺序安排、记忆方法建议及练习题推荐。
> 一、重点难点梳理
> 1. 行测(行政职业能力测验)
> - 言语理解与表达:逻辑填空、片段阅读(主旨概括、细节判断)、

语句排序。
- 数量关系：数字推理、数学运算（行程、工程、利润、排列组合）。
- 判断推理：图形推理（对称性、位置规律）、逻辑判断（削弱/加强论证）、定义判断、类比推理。
- 资料分析：快速计算技巧（截位法、差分法）、图表分析。
- 常识判断：政治、法律、经济、历史、科技（侧重时政热点）。

2. 申论
- 归纳概括题：提炼材料核心要点。
- 综合分析题：多角度分析问题（原因、影响、对策）。
- 应用文写作：公文格式（通知、倡议书、调研报告）。
- 大作文：议论文结构（总分总）、论点与论据匹配。

二、复习顺序安排

第一阶段：基础夯实（第1~4周）
- 目标：熟悉题型框架，掌握基础解题方法。
- 行测：分模块学习（言语→判断→资料→数量→常识），每天1~2个模块，配套基础题练习。
- 申论：学习材料分析技巧，每周完成1篇归纳概括题+1篇综合分析题。

第二阶段：专项突破（第5~8周）
- 目标：强化高频考点，解决薄弱环节。
- 行测：针对易错题型（如数量关系、图形推理）专项训练，限时刷题（如资料分析每篇≤8分钟）。
- 申论：精研真题范文，积累规范表达，每周完成1篇应用文+1篇大作文。

第三阶段：模拟冲刺（第9~12周）

- 目标：全真模拟，查漏补缺。
- 行测：每周3套真题（限时110分钟），分析错题并整理高频易错点。
- 申论：按考试时间完成套卷，对照参考答案优化答题逻辑。

三、记忆方法建议

- 思维导图法：将行测各模块知识点（如逻辑判断的论证类型）整理成思维导图，强化逻辑关联。
- 口诀记忆法：如资料分析公式为"现期量=基期量×（1+增长率）"。
- 错题归类法：建立错题本，按题型分类（如"图形推理—对称性"），标注错误原因。
- 碎片化学习：利用碎片时间刷常识题（App题库），关注时政新闻（学习强国、人民日报等平台）。

四、练习题推荐

1. 行测教材及题库

- 中公教育《行政职业能力测验历年真题精解》。
- 华图教育《模块宝典》（分模块专项训练）。
- 粉笔App（每日智能组卷+模考大赛）。
- 历年国考及省考真题（近5年优先）。

2. 申论教材及训练材料

- 粉笔《申论的规矩》（规范答题模板）。
- 半月谈《申论范文宝典》（热点话题解析）。
- 每日精读1篇时评文章（人民网、新华网），积累规范表达。
- 每周限时完成1套申论真题（重点练习大作文提纲）。

五、注意事项

- 时间分配：每日学习4~6小时，行测与申论时间比例建议为6:4。
- 复盘总结：每周日复盘学习进度，调整下一周计划。
- 心态调整：避免盲目刷题，注重质量；考前1周减少新题量，专注错题回顾。

通过执行以上策略，可系统覆盖公务员考试的核心内容，兼顾效率与深度，建议结合个人基础灵活调整节奏。

在设计复习策略时，提示词的设计关键在于**明确复习对象**（如考试科目）、**时间框架**（如复习周期），以及**具体策略要素**（如重点难点、复习顺序、记忆方法和练习建议）。通过组合这些要素，可以引导DeepSeek生成系统化、实用且针对性强的复习方案。

5.5 本章小结

通过本章的学习，相信你已经掌握了如何在以下场景中高效使用DeepSeek。

（1）文案创作：快速生成社交媒体文案、广告标题等。

（2）数据分析：解读趋势、对比数据，生成专业报告。

（3）商业策划：完成市场分析与策略制定。

（4）学习辅助：优化知识体系、制订学习计划。

上述场景覆盖了工作、学习和生活的许多方面，灵活运用这些技巧，能显著提升效率，创造更多价值。

在第6章中，将探讨更高级的应用技巧，帮助你充分挖掘DeepSeek的潜能！

第 6 章
高级应用技巧

本章将围绕 DeepSeek 的高级功能与实用技巧展开,帮助你在复杂场景中实高效地应用 DeepSeek。本章将从多轮对话的优化设计入手,探讨如何通过深度思考完善提示词,进而掌握提示词框架的应用方法,最终结合乔哈里视窗模型,构建高效的沟通策略。无论是对于提升对话逻辑、优化提示词质量,还是对于设计创新的解决方案,本章都将为你提供系统化的指导,帮助你在实际操作中更好地发挥 DeepSeek 的潜力。

6.1 多轮对话优化

多轮对话是 DeepSeek 的核心功能之一,通过优化对话链设计和上下文维护,可以显著提升 DeepSeek 解决问题的能力。本节将带你学习如何设计多轮对话的策略,确保信息传递途径清晰、逻辑连贯。

注意,DeepSeek-R1 是推理框架,并不适用于多轮对话,如果要测试多轮对话的效果,那么建议关闭 DeepSeek 的"深度思考"功能。

6.1.1 对话链设计

在多轮对话中,合理设计对话链可以帮助你更高效地获取信息并解决问题。以下是两种常见的设计方法。

1. 渐进式提问

设计逐步深入的问题,从概述到细节,再到优化方案,逐层挖掘关键信息。

第一轮:概述需求。

💡案例

> 请帮我分析一下电商平台的用户增长问题。

DeepSeek 的返回结果如下。

> 电商平台用户增长问题分析
>
> 电商平台用户增长问题需要从多个维度进行分析,以下是一些关键点和思路。
>
> 一、明确问题,找准方向
> - 用户增长停滞还是下降?明确问题的性质,是用户增速放缓,还是用户数量下降?
> - 目标用户群体是谁?明确平台的目标用户群体,分析其特点、需求和痛点。
> - 用户生命周期处于哪个阶段?是获取新用户困难,还是老用户流失严重?
>
> 二、数据分析,找出症结
> 1. 用户数据
> - 用户画像:年龄、性别、地域、职业、兴趣爱好等。

- 用户行为：访问频率、停留时间、浏览路径、购买转化率、客单价等。
- 用户来源：自然流量、付费广告、社交媒体、搜索引擎等。

2. 平台数据

- 商品数据：商品种类、价格、库存、销量、评价等。
- 运营数据：促销活动、优惠力度、物流配送、售后服务等。

3. 竞品分析

- 用户增长策略：竞品采用了哪些用户增长策略？效果如何？
- 平台优势劣势：与竞品相比，平台的优势和劣势是什么？

三、制定策略，优化方案

1. 用户获取

- 精准营销：根据用户画像和行为数据，进行精准广告投放和内容营销。
- 渠道拓展：开拓新的用户获取渠道，例如，与KOL合作、开展线下活动等。
- 裂变营销：设计用户邀请、拼团等裂变活动，利用老用户带动新用户。

2. 用户留存

- 提升用户体验：优化平台功能、页面设计、物流配送、售后服务等。
- 会员体系：建立会员体系，提供差异化服务和优惠，提高用户黏性。
- 用户运营：通过社群、短信、邮件等方式，与用户保持互动，提高用户活跃度。

3. 用户转化

- 优化商品结构：根据用户需求和市场趋势，调整商品种类和价格。
- 提升商品质量：严格把控商品质量，提高用户满意度。

- 促销活动：定期开展促销活动，吸引用户购买。

四、持续监测，迭代优化
- 数据监测：建立数据监测体系，实时跟踪用户增长情况。
- 效果评估：定期评估用户增长策略的效果，及时调整优化方案。
- 持续迭代：根据市场变化和用户需求，不断迭代优化平台和运营策略。

以下是一些具体的分析方法和工具。

- AARRR 模型：获取用户、激活用户、提高留存、增加收入、传播推荐。
- 漏斗分析：分析用户从访问到购买的转化路径，找出流失环节。
- 用户分群：根据用户特征和行为，将用户划分为不同群体，进行差异化运营。
- A/B 测试：测试不同方案的效果，选择最优方案。

最后，需要强调的是，用户增长是一个系统工程，需要平台、运营、产品、技术等多个部门的协同合作，才能取得良好的效果。

第二轮：明确细节

提示词模板如下。

针对[第一轮回答中的关键点 A]，请详细说明具体的实施步骤。

💡案例

针对持续监测，迭代优化，请详细说明具体的实施步骤。

DeepSeek 的返回结果如下。

持续监测和迭代优化是确保电商平台用户增长策略有效性的关键环节。以下是具体的实施步骤。

1. 建立数据监测体系
- 确定关键指标（KPI）：根据业务目标，确定需要监测的关键指标，如新增用户数、活跃用户数、用户留存率、转化率、客单价、复购率等。
- 选择监测工具：使用数据分析工具（如 Google Analytics、Mixpanel、Tableau 等）来收集和分析数据。
- 设置数据仪表盘：创建实时数据仪表盘，方便团队随时查看关键指标的变化情况。

2. 数据收集与整理
- 自动化数据收集：通过 API、SDK 等方式，自动收集用户行为数据、交易数据等。
- 数据清洗与整理：对收集到的数据进行清洗，去除重复、错误或无效数据，确保数据的准确性和完整性。
- 数据存储与管理：使用数据库或数据仓库（如 MySQL、BigQuery 等）存储和管理数据，便于后续分析。

3. 数据分析与洞察
- 定期分析：每周、每月或每季度定期进行数据分析，评估用户增长策略的效果。
- 深入挖掘：通过细分分析（如用户分群、漏斗分析等），找出用户增长中的瓶颈和机会点。
- 竞品对比：定期进行竞品分析，了解行业趋势和竞争对手的策略，找出自身的优势和不足。

4. 效果评估与反馈
- 策略效果评估：根据数据分析结果，评估各项用户增长策略的效果，判断是否达到预期目标。
- 用户反馈收集：通过问卷调查、用户访谈、社交媒体等方式，收集用户对平台和策略的反馈。

- 团队沟通与反馈：定期召开团队会议，分享数据分析结果和用户反馈，讨论改进方案。

5. 迭代优化与实施
- 制定优化方案：根据数据分析和用户反馈，制定具体的优化方案，如调整营销策略、优化产品功能、改进用户体验等。
- A/B 测试：在实施优化方案前，进行 A/B 测试，验证新方案的效果，确保优化措施的有效性。
- 逐步实施：根据测试结果，逐步实施优化方案，避免一次性大规模调整带来的风险。
- 监控优化效果：在优化实施方案后，持续监控关键指标的变化，评估优化效果。

6. 持续学习与改进
- 行业动态跟踪：关注电商行业的最新动态和趋势，学习先进的经验和做法。
- 技术工具更新：不断更新和升级数据分析工具和技术，提高数据分析的效率和准确性。
- 团队培训与提升：定期组织团队培训，提升团队成员的数据分析能力和用户增长策略制定能力。

7. 建立反馈闭环
- 用户反馈机制：建立完善的用户反馈机制，及时响应用户需求和问题，提升用户满意度。
- 内部反馈机制：建立内部反馈机制，鼓励团队成员提出改进建议，持续优化运营流程和策略。
- 持续改进文化：培养持续改进的企业文化，鼓励创新和实验，不断优化用户增长策略。

通过以上步骤，电商平台可以建立一个持续监测和迭代优化的闭环系统，确保用户增长策略的持续有效性和竞争力。

第三轮：深化方案

提示词模板如下。

> 考虑到[具体条件]，如何优化上述方案的执行效果？

💡**案例**

> 考虑到实际的 ROI，如何优化上述方案的执行效果？

DeepSeek 的返回结果如下。

在实际执行中，优化 ROI（投资回报率）是确保用户增长策略可持续性的关键。以下是在持续监测和迭代优化过程中，通过优化资源配置、提高执行效率和降低成本来提升 ROI 的具体方法。

1. 精准聚焦高价值用户
- 用户分层与优先级：根据用户生命周期价值（Life Time Value，LTV）将用户分层，优先投入资源到高价值用户（如高频购买用户、高客单价用户）。
- 精准营销：利用用户画像和行为数据，定向投放广告和推送内容，减少无效曝光和点击。
- 流失用户召回：针对高价值流失用户，设计个性化的召回策略（如专属优惠券、限时活动），提高召回效率。

2. 优化渠道投入
- 渠道 ROI 分析：定期评估各用户获取渠道的 ROI，将预算倾斜到高 ROI 渠道（如社交媒体、搜索引擎、KOL 合作等）。
- 减少低效渠道：对 ROI 低于预期的渠道（如低转化率的广告平台）进行优化或停止投入。
- 多渠道协同：整合线上线下渠道，设计跨渠道营销活动，提高整体转化率。

3. 提高运营效率
- 自动化工具：使用自动化工具（如营销自动化平台、CRM 系统）减少人工成本，提高运营效率。
- 流程优化：优化内部流程，减少冗余环节，提高团队协作效率。
- 数据驱动决策：基于实时数据快速调整策略，避免资源浪费在低效方案上。

4. 精细化 A/B 测试
- 小规模测试：在全面推广前，先进行小规模 A/B 测试，验证策略的有效性，降低试错成本。
- 多变量测试：同时测试多个变量（如广告文案、页面设计、优惠力度），找到最优组合。
- 快速迭代：根据测试结果快速调整策略，缩短优化周期。

5. 优化用户体验
- 提升转化率：优化网站或 App 的用户体验（如简化注册流程、优化支付流程），提高转化率。
- 提高复购率：通过会员体系、个性化推荐、定期促销等方式，提高用户复购率。
- 减少用户流失：分析用户流失原因，针对性优化产品和服务，减少用户流失。

6. 控制成本
- 优化广告投放：通过精准定向、优化广告素材、调整出价策略等方式，降低广告成本。
- 资源复用：复用现有资源（如内容、用户数据、技术工具），减少重复投入。
- 外包非核心业务：将非核心业务（如客服、物流）外包给专业团队，降低运营成本。

7. 数据驱动的预算分配
   - 动态调整预算：根据各渠道和策略的 ROI 表现，动态调整预算分配，确保资源投入最大化。
   - 设定 ROI 目标：为每个渠道和策略设定明确的 ROI 目标，定期评估并优化。
   - 长期与短期平衡：在追求短期 ROI 的同时，兼顾长期用户价值，避免过度牺牲用户体验。
8. 团队协作与激励机制
   - 明确目标与责任：为团队设定清晰的 ROI 目标，并明确每个人的职责。
   - 绩效激励：将 ROI 表现与团队绩效挂钩，激励团队高效执行。
   - 跨部门协作：促进市场、产品、技术等部门的协作，确保策略执行的一致性。
9. 持续学习与优化
   - 行业对标：学习行业领先企业的用户增长策略，借鉴成功经验。
   - 技术升级：引入先进的数据分析工具和 AI 技术，提高数据分析效率和精准度。
   - 定期复盘：定期复盘用户增长策略的执行效果，总结经验教训，持续优化。
10. 建立反馈闭环
    - 用户反馈：通过用户调研、评论分析等方式，收集用户反馈，快速优化产品和服务。
    - 内部反馈：建立内部反馈机制，鼓励团队成员提出改进建议。
    - 快速响应：根据反馈快速调整策略，减少资源浪费。

案例：优化广告投放 ROI
- 精准定向：根据用户画像和行为数据，定向投放广告，减少无效曝光。

- 优化素材：通过 A/B 测试，选择点击率和转化率最高的广告素材。
- 动态出价：根据广告效果动态调整出价策略，降低单次点击成本。
- 渠道整合：将广告投放与社交媒体、内容营销等渠道整合，提高整体转化率。
- 效果评估：定期评估广告投放的 ROI，优化预算分配。

通过以上方法，可以在确保用户增长策略有效性的同时，最大化 ROI，实现可持续的用户增长。

在实践中可以使用以下提示词技巧。

- 在提问时确保逻辑连贯，避免跳跃式提问。
- 根据前一轮的回答动态调整下一轮的问题。

通过**概述需求—明确细节—深化方案**的多轮对话，可以帮你快速厘清思路，**聚焦关键问题**，让返回结果更加符合预期。

2. 分支对话管理

当需要解决复杂问题时，可以将问题分解为多个分支，逐一讨论并汇总。

例如，当前有以下分支。

主干问题：产品战略规划。

- **分支 1**：市场定位。
- **分支 2**：竞品分析。
- **分支 3**：营销策略。

提示词模板如下。

让我们先专注于[分支 X]，完成后再讨论其他方面。

💡**案例**

假设你正在为一款新型健康饮品设计产品战略规划,问题可以分解如下。

分支1:市场定位。

目标问题:这款饮品的目标用户是谁?

示例提示词如下。

> 让我们先讨论这款饮品的市场定位。目标用户是哪些人群?从年龄、职业、生活习惯等维度分析。

DeepSeek 的返回结果如下。

> 这款新型健康饮品的核心目标用户可以定位如下。
> - 年龄:18~45岁,尤其是25~35岁的都市白领和年轻家庭。
> - 职业:职场人士、健身爱好者、学生群体。
> - 生活习惯:健康意识强、生活节奏快、注重便捷与品质。
> - 心理需求:追求健康、美丽、缓解压力、社交分享。
> - 消费场景:日常饮用、运动后、工作学习、社交场合。
>
> 通过精准的市场定位,可以更好地设计产品的功能、包装、营销策略,满足目标用户的需求,提升市场竞争力。

分支2:竞品分析。

目标问题:当前市场上的主要竞品有哪些?它们的优势和劣势是什么?

示例提示词如下。

> 接下来,我们分析一下当前市场上的主要竞品。请列出2~3个竞品,并分别分析它们的定价、包装、功能特点,以及市场反馈。

DeepSeek 的返回结果如下。

竞品对比总结如下。

竞品	定价	包装风格	功能特点	市场反馈
元气森林	5~8元/瓶	时尚、清新	0糖0卡、气泡口感、多种口味	口感好、健康属性强、价格偏高
东方树叶	4~6元/瓶	简约、自然	无糖、天然茶香、多种茶类	茶味纯正、无糖健康、口感偏淡
佳得乐	6~8元/瓶	运动、活力	电解质补充、能量补充、多种口味	运动补充效果好、含糖量较高

竞品分析启示如下。

a. **定价策略**：健康饮品的定价普遍在4~8元，属于中高端价位，消费者愿意为健康属性支付溢价。

b. **包装设计**：简洁、时尚、符合目标用户审美的包装设计能够提升产品的吸引力。

c. **功能特点**：健康属性（如无糖、低卡、天然）和口感（如气泡、茶香）是吸引消费者的关键。

d. **市场反馈**：消费者中既有注重口感的群体，也有注重健康属性的群体，产品需要在两者之间找到平衡。

基于以上分析，新型健康饮品可以在定价、包装、功能特点等方面借鉴竞品的成功经验，同时针对目标用户的需求进行差异化创新，以在竞争激烈的市场中脱颖而出。

分支3：营销策略。

目标问题：针对市场定位和竞品分析，如何制定差异化的营销策略？

示例提示词如下。

> 最后,我们讨论营销策略。如何根据我们之前的市场定位和竞品分析,设计一套差异化的营销方案?

DeepSeek 的返回结果如下。

基于之前的市场定位和竞品分析,新型健康饮品需要围绕目标用户的需求、竞品的优劣势及市场趋势,设计一套差异化的营销方案。以下是一个完整的营销策略框架。

1. 产品差异化定位
- 核心卖点。
    - 功能创新:在健康属性的基础上,加入独特的功能性成分(如胶原蛋白、益生菌、抗氧化成分等),满足消费者的美容、肠道健康、免疫力提升等多维需求。
    - 口感优化:在无糖、低卡的基础上,提供更丰富的口感体验(如气泡、果味、茶香等),吸引注重口感的消费者。
    - 天然与可持续:强调产品的天然成分、环保包装(如可降解材料、轻量化设计),吸引环保主义者和注重可持续消费的群体。
- 产品线延伸。
    - 针对不同场景和人群推出细分产品线,举例如下。
        - 运动款:添加电解质和维生素,适合健身人群。
        - 美容款:添加胶原蛋白和抗氧化成分,适合女性消费者。
        - 提神款:添加天然咖啡因或草本成分,适合职场人士和学生。
2. 品牌故事与调性
- 品牌故事:打造一个与健康生活方式相关的品牌故事,如"源自自然的健康力量"或"为都市人提供健康新选择",传递品牌的核心价值观。
- 品牌调性。
  - **年轻时尚**:通过清新、有活力的视觉设计(如明亮色彩、简约风格)吸引年轻消费者。
  - **专业可信**:通过权威认证(如无糖认证、有机认证)和专家背书,增强产品的可信度。
- 情感共鸣:通过情感营销(如"健康是一种态度""为更好的自己加油")与消费者建立情感连接。

3. 定价策略
- 中高端定位:定价在 6~10 元/瓶,略高于竞品,但通过功能创新和品牌附加值支撑溢价。
- 促销策略。
  - 新品上市期间推出"买一送一"或"第二件半价"活动,吸引消费者尝试。
  - 针对会员或忠实用户推出积分兑换、限时折扣等优惠。

4. 渠道策略
- 线上渠道。
  - **电商平台**:入驻天猫、京东等主流电商平台,通过直播带货、KOL 推荐等方式提升销量。
  - **社交电商**:利用微信小程序、社群团购等私域流量,实现精准营销。
- 线下渠道。
  - **便利店与超市**:重点布局一线、二线城市的便利店(如全家、7-11)和大型超市,覆盖白领和学生群体。

- - 健身房与咖啡馆：与健身房、瑜伽馆、咖啡馆等场景合作，作为运动后或工作时的健康饮品。
- 跨界合作。与健康食品品牌、运动品牌、生活方式品牌等跨界合作，推出联名款或联合促销活动。

5. 推广策略
- 社交媒体营销。
  - 小红书、抖音、微博：通过 KOL（意见领袖）和 KOC（普通用户）分享产品体验，打造口碑效应。
  - 短视频与直播：制作创意短视频（如"健康饮品的100种喝法"），并通过直播带货吸引消费者购买。
- 内容营销。
  - 健康科普：通过公众号、知乎等平台发布健康科普文章，传递产品的健康价值。
  - 场景化内容：展示产品在不同场景（如办公室、健身房、户外）中的使用，增强代入感。
- 事件营销。
  - 健康主题活动：举办"健康生活周"和"运动挑战赛"等线下活动，吸引目标用户参与。
  - 环保公益活动：通过环保主题公益活动（如"空瓶换饮品"）提升品牌形象。

6. 用户运营
- 会员体系：建立会员体系，通过积分、优惠券、专属活动等方式提升用户黏性。
- 用户互动。
  - 用户生成内容（User Generated Content，UGC）：鼓励用户在社交媒体分享产品体验，通过话题标签（如#我的健康新选择#）扩大传播。

- - **社群运营**:建立健康生活社群,定期分享健康知识、组织线下活动,增强用户归属感。
- **用户反馈**:通过问卷调查、用户评论等方式收集反馈,持续优化产品和服务。

7. 差异化亮点
- **功能创新**:通过添加独特成分(如益生菌、胶原蛋白)与竞品形成差异化。
- **场景细分**:针对不同场景(如运动、办公、美容)推出定制化产品,满足多样化需求。
- **情感连接**:通过品牌故事和情感营销,与消费者建立深层次的情感共鸣。
- **环保理念**:通过环保包装和可持续理念,吸引注重环保的消费者。

8. 预算与效果评估
- 预算分配。
  - 线上推广(50%):社交媒体、电商平台、直播带货等。
  - 线下推广(30%):便利店、超市、健身房等渠道铺设。
  - 品牌建设(20%):品牌故事、内容营销、公益活动等。
- 效果评估。
  - **销售数据**:通过销售额、复购率等指标评估市场表现。
  - **用户反馈**:通过用户评论、社交媒体互动等了解消费者满意度。
  - **品牌认知**:通过品牌知名度、美誉度等指标评估品牌建设效果。

总结:

通过功能创新、场景细分、情感营销和环保理念,新型健康饮品可以在竞争激烈的市场中脱颖而出。结合线上线下的多渠道推广和用户运营,能够有效提升品牌知名度和用户黏性,最终实现市场份额的快速增长。

分支对话管理的价值在于帮助你系统化地分解复杂问题,避免信息交叉或遗漏。通过逐个解决分支问题,可以确保最终方案的完整性和逻辑性。

6.1.2 上下文维护

在多轮对话中,良好的上下文维护可以避免信息丢失或重复,确保对话逻辑清晰,提升输出结果的准确性和效率。以下是两种常见的上下文维护方法。

1. 信息延续

通过引用前文内容,保持对话的一致性和连贯性,确保回答与之前的讨论相关联。

目标问题:如何在长时间对话中避免信息丢失?

提示词模板如下。

> 基于我们之前讨论的[方案],请进一步分析。

示例提示词(假设之前已经聊过很多轮)如下。

> 基于我们之前讨论的"用户增长策略",请进一步分析如何通过会员体系提升用户留存率。

DeepSeek 的返回结果如下。

> 会员体系是提升用户留存率的重要手段,以下是具体的实施建议:
> 1. **会员等级设计**:根据用户消费金额和活跃度,设定不同的会员等级(如普通会员、VIP 会员、SVIP 会员),提供差异化权益。
> 2. **权益设置**:为会员提供专属优惠(如折扣、积分兑换)、优先服务(如专属客服、提前购买权)和个性化推荐,增强用户黏性。

3. **激励机制**：通过积分体系、会员日活动、专属奖励等方式，激励用户持续购买和互动。

4. **数据驱动优化**：通过分析会员行为数据（如消费频次、停留时长），不断优化会员权益设计，提升用户满意度。

信息延续的价值在于保持对话的连贯性，确保输出结果始终围绕核心问题展开，不偏离主题。

2. 上下文刷新

当对话内容过多或逻辑变得混乱时，可以通过上下文刷新重新梳理重点，帮助厘清思路并聚焦关键问题。

目标问题：如何在长时间对话中保持逻辑清晰？

提示词模板如下。

> 让我们重新梳理一下目前的讨论。
> 1. **已确定的内容**：[确认内容]。
> 2. **待解决的问题**：[明确要解决的问题]。
> 3. **下一步重点**：[接下来的任务]。

示例提示词（之前已经聊过很多轮，AI 已经返回混乱了）如下。

> 让我们重新梳理一下目前的讨论。
> 1. **已确定的内容**：目标用户群体为 25~35 岁的城市白领。
> 2. **待解决的问题**：如何针对这个群体制定有效的营销策略？
> 3. **下一步重点**：设计一套用户触达方案。

DeepSeek 的返回结果如下。

> 用户触达方案设计
> 1. 用户画像与需求分析

- 用户画像。
  - **年龄**：25~35岁。
  - **职业**：城市白领，工作压力大，生活节奏快。
  - **生活习惯**：注重健康管理，追求高品质生活，愿意为健康产品支付溢价。
  - **消费习惯**：偏好线上购物，关注社交媒体，容易被种草。
- 核心需求。
  - **健康管理**：需要能够缓解疲劳、增强免疫力、改善皮肤状态的饮品。
  - **便捷性**：希望产品易于购买和携带，适合办公室、通勤等场景。
  - **情感共鸣**：追求品牌调性与自身生活方式的契合。

2. 触达渠道选择

- 线上渠道。
  - **社交媒体**：小红书、抖音、微博、微信等平台，通过 KOL（意见领袖）和 KOC（普通用户）分享产品体验。
  - **电商平台**：天猫、京东等主流电商平台，通过直播带货、限时折扣等方式吸引用户购买。
  - **内容平台**：知乎、B站等，通过健康科普、场景化内容（如"办公室健康饮品推荐"）吸引目标用户。
- 线下渠道。
  - **便利店与超市**：重点布局一线、二线城市的便利店（如全家、7-11）和大型超市，覆盖白领的日常消费场景。
  - **办公楼与健身房**：与办公楼内的自动售货机、健身房合作，作为白领的健康饮品。
- 跨界合作：与健康食品品牌、运动品牌、生活方式品牌等跨界合作，推出联名款或联合促销活动。

3. 触达内容设计
- 社交媒体内容。
    - **种草笔记**：通过小红书、抖音等平台发布种草笔记，展示产品的健康属性、口感和使用场景。
    - **短视频与直播**：制作创意短视频（如"健康饮品的100种喝法"），并通过直播带货吸引消费者购买。
- 内容营销。
    - **健康科普**：通过公众号、知乎等平台发布健康科普文章，传递产品的健康价值。
    - **场景化内容**：展示产品在不同场景（如办公室、健身房、户外）的使用，增强代入感。
- **品牌故事**：打造与健康生活方式相关的品牌故事，如"为都市白领提供健康新选择"，传递品牌的核心价值观。

4. 用户互动与运营
- **UGC（用户生成内容）**：鼓励用户在社交媒体分享产品体验，通过话题标签（如#我的健康新选择#）扩大传播。
- **社群运营**：建立健康生活社群，定期分享健康知识、组织线下活动，增强用户归属感。
- **会员体系**：建立会员体系，通过积分、优惠券、专属活动等方式提升用户黏性。

5. 促销与活动设计
- 新品上市促销：推出"买一送一"或"第二件半价"活动，吸引消费者尝试。
- 限时折扣：在电商平台推出限时折扣活动，刺激购买。
- 跨界活动：与健身房、咖啡馆等合作，推出"购买饮品送健身课程"或"购买饮品送咖啡券"等活动。

6. 效果评估与优化
- **销售数据**：通过销售额、复购率等指标评估市场表现。
- **用户反馈**：通过用户评论、社交媒体互动等了解消费者满意度。
- **品牌认知**：通过品牌知名度、美誉度等指标评估品牌建设效果。

7. 下一步行动建议
- **制订详细的内容计划**：确定社交媒体、内容平台的具体发布内容和时间表。
- **启动跨界合作洽谈**：与健身房、咖啡馆等潜在合作伙伴沟通合作细节。
- **设计促销活动方案**：制订新品上市促销和限时折扣的具体规则和执行计划。
- **搭建用户运营体系**：建立会员体系和健康生活社群，制订用户互动计划。

通过以上用户触达方案，可以有效覆盖25~35岁城市白领群体，提升品牌知名度和用户黏性，最终实现市场份额的快速增长。

上下文刷新的价值在于帮助你快速厘清思路，**避免在长时间对话中迷失方向**。通过对当前讨论内容的梳理，可以明确已完成的部分和待解决的问题，从而更高效地推进后续讨论。

6.2 通过深度思考完善提示词

DeepSeek-R1 具有深度思考的能力，这使我们可以通过与其互动来逐步完善提示词。通过分析 **DeepSeek-R1** 的思考过程和回答内容，可以发现提示词中的不足之处，从而进行优化和改进。

6.2.1　分析 DeepSeek-R1 深度思考过程

本节通过一个实际案例来展示如何利用 DeepSeek-R1 的深度思考能力来完善提示词。

模糊的初始提示词如下。

帮我制订一个减肥计划。

DeepSeek-R1 的思考过程如下。

好的，用户让我帮他制订一个减肥计划。首先，我需要考虑他的基本情况，如**年龄**、**性别**、**体重**、**身高**、**目标体重**，以及有没有健康问题或者**运动习惯**。不过现在他可能没有提供这些信息，所以我得先假设一些常见的情况，或者建议他先咨询医生，尤其是对有健康问题的情况。

接下来，减肥计划通常包括饮食、运动和生活习惯这几个方面。饮食方面要控制热量，但又要保证营养均衡。可能需要建议他计算每日所需热量，然后制造适当的热量缺口，如每天 500kcal 左右，这样一周可以减掉大约 0.5kg。不过体重不能太低，否则会影响健康。

然后，在饮食结构上，应该推荐高蛋白、适量碳水、低脂肪的食物，如鸡胸肉、鱼、鸡蛋、蔬菜、全谷物等。还要注意避免高糖高油的食物，多喝水，保持水分。可能需要分餐，少食多餐，避免暴饮暴食。

运动方面，有氧运动和无氧运动结合比较好。有氧运动如跑步、游泳、快走，有助于燃烧脂肪；力量训练可以增加肌肉量，提高基础代谢率。每周建议运动 3~5 次，每次 30~60 分钟。对于新手，可能需要从低强度开始，逐渐增加。

生活习惯方面，充足的睡眠很重要，睡眠不足会影响代谢和食欲。还有减压，因为压力大可能导致暴饮暴食。另外，定期监测体重和体脂，但不要太频繁，避免焦虑。

可能用户还有一些隐藏的需求，如时间安排的问题，如果工作忙，则可能需要更高效的运动计划，或者之前尝试过减肥但失败了，需要更可持续的方法，而不是极端节食。用户还可能对某些食物过敏。

另外，要强调健康减肥的重要性，避免快速减肥带来的副作用。建议每周减重 0.5~1kg。同时，提醒他减肥过程中可能会遇到平台期，要坚持下去，调整饮食和运动计划。

最后，可能需要给他一个具体的示例计划，如一周的饮食和运动安排，这样他更容易执行。同时鼓励他记录饮食和运动情况，自我监控。

总之，我需要综合这些因素，给出一个全面、安全、可行的减肥计划，同时提醒他根据自身情况调整，并咨询专业人士的意见。

DeepSeek-R1 的初始回答如下。

一、基础原则

1. **安全减重速度**：每周减 0.5~1kg（避免极端节食）。
2. **热量缺口**：每日摄入比消耗少 300~500kcal。
3. **营养均衡**：碳水 45%~55%、蛋白质 20%~30%、脂肪 20%~30%。

二、分阶段计划

阶段1：适应期（第1~2周）

- **饮食**
    - 记录每日饮食（推荐 App：薄荷健康）。
    - 替换高热量食物：如奶茶→无糖茶、油炸→蒸煮。
    - 增加蔬菜比例至每餐 1/2 碗。
- **运动**
    - 每日步行 8000 步或快走 30 分钟。
    - 每周 2 次全身拉伸（瑜伽、普拉提）。

- **习惯**
  - 每天喝1.5~2L水（饭前30分钟喝300ml）。
  - 23:00前入睡，保证7小时睡眠。

阶段2：减脂期（第3~8周）

- **饮食**
  - 控制总热量（女性1500~1800kcal/日，男性1800~2200kcal/日）。
  - 高蛋白选择：鸡胸肉、鱼类、豆腐、鸡蛋。
  - 主食1/3替换为粗粮（燕麦、红薯、糙米）。
- **运动**
  - 每周3~4次有氧运动（跑步、游泳、跳绳，40分钟/次）。
  - 每周2次力量训练（深蹲、俯卧撑、哑铃，20分钟/次）。
- **进阶技巧**
  - 16∶8轻断食（如12:00~20:00进食）。
  - 饭后站立20分钟。

阶段3：维持期（长期）

- 每月允许1~2次"放纵餐"。
- 保持每周3次运动。
- 每月测量体脂率而非仅关注体重。

三、参考食谱（1600kcal/日）

早餐：全麦面包1片+水煮蛋1个+无糖豆浆200ml。

加餐：希腊酸奶100g+蓝莓10颗。

午餐：杂粮饭100g+清蒸鱼150g+西兰花200g。

加餐：坚果15g（约10颗杏仁）。

晚餐：鸡胸肉沙拉（生菜、番茄、黄瓜）+紫薯80g。

四、注意事项

1. 避免长期不吃主食（可能引发脱发、月经不规律）。

2. 大基数（BMI≥28）建议从低冲击运动开始（如游泳、椭圆机）。
3. 平台期处理：调整运动模式（如 HIIT 替代匀速跑）。
4. 如有慢性疾病，请先咨询医生。

五、工具推荐

- 体脂秤：InBody 或华为智能体脂秤。
- 运动跟练：Keep（HIIT 课程）、B 站（帕梅拉）。
- 饮食计算：MyFitnessPal（国际版）、薄荷健康（国内）。

提示：减重目标建议设定为 3~6 个月，可持续性比速度更重要！

从 DeepSeek-R1 的回答中，我们可以清楚地看到，提示词中存在一些明显的不足之处。

个人信息的缺失。例如，基础的生理数据——年龄、性别、身高、体重等——这些信息是制订个性化计划的基础。此外，目标体重和实现目标的时间周期等具体内容并没有提及。而身体状况方面的信息，如是否存在疾病或代谢问题，同样被忽略。

生活习惯信息也不够完整。例如，当前的运动习惯如何？作息是否规律？饮食上有没有特别的偏好或忌口？这些对于设计科学的减肥方案至关重要，但在提示词中却未体现。

约束条件也没有被考虑进去。时间安排是否充裕？是否有场地和设备的限制？预算是否有限？这些现实中的限制条件直接影响方案的可行性，却完全没有被提及。

提示词还缺乏对**历史经验**的描述。例如，是否有过减肥经历？如果有，成功或失败的原因是什么？是否有特别需要避免的禁忌？这些信息不仅有助于分析过往的问题，还能为新方案的制定提供重要的参考依据。

正是因为这些关键信息的缺失，才导致 DeepSeek-R1 的回答**难以做到精准和个性化**。

6.2.2 优化后的详细提示词模板

根据前面的分析结论，我们可以归纳总结出以下提示词模板。

个人基本信息
 - 年龄：[具体年龄]
 - 性别：[性别]
 - 当前身高：[具体身高]
 - 当前体重：[具体体重]
 - 目标体重：[期望达到的体重]

健康状况
 - 运动习惯：[详细描述当前运动情况]
   * 运动频率：[每周运动次数]
   * 运动时长：[每次运动时间]
   * 运动类型：[具体运动项目]
 - 现有健康问题：[如有，请详细说明]
 - 是否有食物过敏：[如有，请列出]

生活作息
 - 工作性质：[职业特点]
 - 每天工作时长：[具体工作时间]
 - 作息时间：[作息规律]
 - 是否有充足的运动时间：[时间安排灵活度]

减肥经历
 - 是否有过减肥经历：[有/无]
 - 过往减肥经历：[如有，请详细说明]
   * 采用的方法：[具体方法]
   * 持续时间：[坚持时长]

* 效果：[效果如何]
* 失败原因：[如果失败，原因是什么]

其他补充信息

- [其他相关信息，如压力源、饮食偏好等]

6.2.3 实际应用案例

让我们看一个具体的应用案例。

个人基本信息

- 年龄：28 岁。
- 性别：女。
- 当前身高：163cm。
- 当前体重：65kg。
- 目标体重：55kg。

健康状况

- 运动习惯：平时较少运动，周末偶尔会和朋友一起去公园散步。
  - 运动频率：每周 1~2 次。
  - 运动时长：每次 30~40 分钟。
  - 运动类型：主要是散步和简单的瑜伽。
- 现有健康问题：无重大健康问题，但经常感觉疲劳，有轻微腰酸。
- 是否有食物过敏：对海鲜过敏，特别是虾和蟹。

生活作息

- 工作性质：互联网公司产品经理，主要是办公室工作。
- 每天工作时长：9~10 小时。
- 作息时间：通常晚上 12 点睡觉，早上 8 点起床。
- 是否有充足的运动时间：工作日较难安排运动，周末时间相对充裕。

减肥经历
- 是否有过减肥经历:有。
- 过往减肥经历如下。
    - 采用的方法:节食+断食+代餐。
    - 持续时间:3个月。
    - 效果:成功减重8kg,但停止后很快反弹10kg。
    - 失败原因:节食过于极端,无法坚持,且没有培养运动习惯。

其他补充信息
- 工作压力较大,经常需要加班。
- 喜欢甜食,特别是压力大的时候会通过吃甜食缓解压力。
- 平时经常吃外卖或在公司食堂就餐。
- 周末偶尔会和朋友聚会吃饭。
- 希望能找到一个可持续的、健康的减肥方式。

6.2.4 优化效果分析

优化后的 DeepSeek-R1 输出内容如下。

根据您提供的信息,以下是针对性的健康减重方案建议。
一、科学减重目标设定
建议周期:5~6个月(健康减重速度建议0.5~1kg/周)。
总目标分解如下。
- 第一阶段(1~2个月):减重3~4kg。
- 第二阶段(1~2个月):减重4~5kg。
- 第三阶段(1~2个月):巩固维持。

二、饮食优化方案（每日约 1500~1700kcal）

a. 饮食结构调整

餐次	建议搭配	注意事项
早餐	全麦面包+鸡蛋+无糖豆浆+小番茄	避免含糖饮料
午餐	杂粮饭 150g+清蒸鱼/鸡胸肉+绿叶菜 2 种	食堂选择少油烹饪菜品
晚餐	藜麦粥+豆腐蔬菜汤+凉拌海带丝	控制主食量
加餐	希腊酸奶/坚果 15g/低糖水果（苹果/蓝莓）	压力大时优先选择无糖饮品

b. 关键营养配比

- 蛋白质：20%~25%（约 75~90g）。
- 碳水：45%~50%（优先低 GI）。
- 脂肪：25%~30%（优质脂肪为主）。

c. 外卖选择指南

- 优选：轻食沙拉（要求酱料分开）。
- 次选：清汤麻辣烫（多选绿叶菜+豆制品）。
- 避免：油炸类/勾芡类/糖醋类菜品。

三、运动提升计划（分阶段实施）

阶段 1（1~2 个月）：建立运动习惯。

时间	运动类型	强度	时长
工作日晚上	办公室拉伸/靠墙静蹲	低	15 分钟
午休时间	快走（配速 6km/h）	中	20 分钟
周末	水中漫步/椭圆机	中	45 分钟

阶段 2（1~2 个月）：增加代谢训练。

频率	训练组合	注意事项
每周 3 次	开合跳（30s）+平板支撑（30s），5 个循环	组间休息不超过 30s
每周 2 次	哑铃推举（2kg）+深蹲（15 次），4 组	注意核心收紧

四、作息与压力管理

a. 睡眠改善

- 逐步调整入睡时间至 23:00 前。
- 睡前 1 小时进行 10 分钟冥想放松。

b. 压力应对

- 准备应急健康零食包（小袋坚果+黑巧克力）。
- 设置"甜食日"（每周日限量摄入 100g 以内）。

五、健康监测指标

a. 基础记录

- 每周一早晨空腹体重。
- 每月末测量腰围、臀围。

b. 身体感受评估

- 疲劳度（1~10 分）。
- 腰酸频率（次/周）。

六、常见问题解决方案

场景	应对策略
加班饥饿	常备即食鸡胸肉、蛋白棒
聚餐不可避免	优先选择清蒸、白灼类菜品，控制主食摄入
运动动力不足	使用运动 App 打卡，设置阶段性奖励机制

七、营养师特别提醒

a. 针对腰酸问题

- 每日进行猫牛式伸展（早晚各 10 次）。
- 避免久坐超过 1 小时。

b. 代谢保护措施

- 保证每日饮水量大于 2000ml。

- 每周安排1次"欺骗餐"(热量控制在500kcal内)。

建议每4周根据身体反馈调整计划,可配合体脂率检测(健身房或家用体脂秤)更准确地评估减脂效果。如有持续疲劳加重或其他不适,应及时就医检查。

可以看到,使用优化后的提示词,DeepSeek-R1 能够给出更加个性化和实用的建议。

1. 更具针对性

- 针对工作压力较大的情况,推荐适合办公室环境的简易运动,如椅子拉伸或短时间高效训练。
- 根据过往减肥失败的原因,避免极端节食,转而采用科学的饮食调整方法。
- 针对甜食偏好,设计健康且美味的替代方案,如低糖甜点或水果搭配。

2. 更高的可行性

- 运动安排充分考虑工作时间,推荐短时高效的运动计划,避免与日常工作冲突。
- 饮食建议结合实际情况,如食堂、外卖搭配,以及简单易操作的家庭餐食。
- 针对社交场合,提供灵活的饮食策略,如在聚会中选择更健康的食物,同时不影响社交体验。

3. 更强的持续性

- 制订循序渐进的计划,避免一开始过于激进,确保更容易坚持下去。

- 提供缓解压力的替代方案，如冥想、深呼吸，帮助维持心理健康。
- 鼓励建立长期健康习惯，从饮食、运动到作息，逐步实现全面的生活方式改善。

通过深度思考完善提示词，不仅能够让**需求表达更加清晰**，还能帮助 **DeepSeek-R1** 更精准地理解你的目标，从而**提供更具针对性、可行性和持续性的建议**。这种过程实际上是一次**思维的梳理**，它促使你深入分析自己的真实需求与限制条件，避免了泛泛而谈的模糊请求，也减少了无效沟通。

6.3 提示词框架的应用

在与 DeepSeek 进行对话时，使用合适的提示词框架不仅能提升沟通效率，还能显著改善输出质量。提示词框架的核心在于通过结构化的方式组织提示词，帮助 DeepSeek 更清晰地理解需求，从而生成更符合预期的结果。本节将介绍几种常见且实用的提示词框架，涵盖从简单任务到复杂方案的不同应用场景，帮助你在实际操作中灵活运用。

6.3.1 基础指令型框架

基础指令型框架适用于任务明确、目标单一的场景。这类框架的特点是结构简单，易于理解和使用，尤其适合初学者或需要快速完成任务的情况。

1. A.P.E（行动、目的、期望）

A.P.E 框架通过三个关键要素——行动、目的和期望，帮助你清晰地表达需求。

- 行动（Action）：明确需要 AI 完成的工作或活动。例如，"总结一篇文章"或"生成一段代码"。
- 目的（Purpose）：解释你为什么需要完成这个任务，或者目标是什么。例如，"为了更好地理解文章内容"。
- 期望（Expectation）：描述你希望得到的具体结果。例如，"提供一个 300 字的总结"。

举例如下。

> 总结以下文章的内容（**行动**），目的是帮助我快速了解其主要观点（**目的**），请将总结控制在 300 字以内（**期望**）。

2. T.A.G（任务、行动、目标）

T.A.G 框架进一步细化了任务和目标，将任务分解为具体的行动步骤，同时明确最终目标。

- 任务（Task）：定义需要完成的具体任务。
- 行动（Action）：描述为了完成任务需要采取的具体行动。
- 目标（Goal）：陈述任务完成后的最终目标或效果。

举例如下。

> 请帮我完成以下任务：撰写一封求职信（**任务**）。需要包括我的教育背景、工作经验和职业目标（**行动**），让这封信吸引招聘经理的注意（**目标**）。

6.3.2 场景描述型框架

当任务背景复杂或需要 DeepSeek 理解更多上下文时，场景描述型框架尤为重要。这类框架通过提供详细的情境信息，帮助

DeepSeek 更好地理解需求。

1. C.O.A.S.T（上下文、目的、行动、场景、任务）

C.O.A.S.T 框架通过全面的上下文描述，确保 AI 能够准确把握对话的方向。

- 上下文（**Context**）：为对话设定舞台，说明背景信息。
- 目的（**Objective**）：描述希望实现的目标。
- 行动（**Action**）：定义需要 AI 采取的具体行动。
- 场景（**Scenario**）：提供具体的场景描述，帮助 AI 理解问题的来龙去脉。
- 任务（**Task**）：明确任务细节。

举例如下。

> 我正在准备一次企业内部培训（**上下文**）。目标是让员工了解人工智能在日常工作中的应用（**目的**）。请生成一份培训提纲（**行动**），针对非技术背景的员工（**场景**）。提纲需包含 5 个主题，每个主题附带简短描述（**任务**）。

2. T.R.A.C.E（任务、请求、行动、上下文、示例）

T.R.A.C.E 框架通过将示例和上下文结合，进一步提升 AI 的理解能力。

- 任务（**Task**）：定义需要完成的具体任务。
- 请求（**Request**）：明确你的请求。
- 行动（**Action**）：描述需要采取的具体行动。
- 上下文（**Context**）：提供背景信息，帮助 AI 理解任务。
- 示例（**Example**）：通过示例说明你的需求，确保 AI 输出符合预期。

举例如下。

> 撰写一篇关于 AI 在教育领域应用的文章（**任务**）。文章需涵盖 AI 在教学、评估和个性化学习中的作用（**请求**）。列出 3 个主要观点，并提供每个观点的简要说明（**行动**）。目标读者是教育行业的从业者（**上下文**）。类似于以下结构——观点 1：个性化学习的优势（附简要说明）（**示例**）。

6.3.3 角色定义型框架

角色定义型框架通过为 DeepSeek 指定特定的角色，让输出更符合场景需求。这类框架特别适合需要 DeepSeek 扮演某种专业角色的场景。

1. R.I.S.E（角色、输入、步骤、期望）

R.I.S.E 框架强调角色的设定和任务的分步执行。

- 角色（**Role**）：指定 AI 的角色，如"专家顾问"或"技术支持"。
- 输入（**Input**）：提供 AI 需要的信息或资源。
- 步骤（**Step**）：定义任务的具体步骤。
- 期望（**Expectation**）：描述希望得到的结果。

举例如下。

> 作为一名职业生涯顾问（**角色**），请根据以下信息（**输入**），为我提供职业规划建议。我有 5 年软件开发经验，正在考虑转向产品经理方向。1. 分析我当前的技能；2. 提出转型路径；3. 推荐学习资源。提供一份详细的职业规划建议（**期望**）。

2. C.R.I.S.P.E（能力和角色、见解、声明、个性、实验）

C.R.I.S.P.E 框架进一步扩展了角色定义型框架的功能，强调个性化和多样性输出。

- 能力和角色（**Capacity and Role**）：定义 AI 的角色和能力。
- 见解（**Insight**）：提供背景信息或上下文。
- 声明（**Statement**）：描述具体需求。
- 个性（**Personality**）：指定 AI 的语气、风格或个性。
- 实验（**Experiment**）：请求 AI 提供多个示例或备选方案。

举例如下。

> 你是一名数据分析师（**能力和角色**）。我们正在分析电商平台的用户行为数据（**见解**），请根据数据生成一份用户行为报告（**声明**），以专业但易于理解的语气撰写（**个性**）。请提供两种不同的分析视角（**实验**）。

6.3.4 解决方案型框架

解决方案型框架适用于需要 DeepSeek 提供完整解决方案的复杂场景。这类框架通过系统化的结构，为问题的解决提供清晰的指引。

1. R.O.S.E.S（角色、目的、场景、解决方案、步骤）

R.O.S.E.S 框架将角色、目标和解决方案整合在一起，适合需要详细输出的场景。

- 角色（**Role**）：指定 AI 的角色。
- 目的（**Objective**）：陈述目标。
- 场景（**Scenario**）：描述背景或情况。
- 解决方案（**Expected Solution**）：定义所需的结果。

- 步骤（Step）：要求 AI 提供实现目标的具体步骤。

举例如下。

> 作为一名项目管理专家（**角色**），请帮助我设计一个项目实施计划，确保项目按时交付（**目的**）。团队由 5 名成员组成，项目周期为 3 个月（**场景**）。提供详细的时间表和任务分配方案（**解决方案**）。1. 列出关键任务；2. 分配任务；3. 制订执行计划（**步骤**）。

2. B.R.O.K.E（背景、角色、目标、关键结果、改进）

B.R.O.K.E 框架通过强调背景信息和改进建议，帮助 DeepSeek 生成更具针对性的解决方案。

- 背景（Background）：提供背景信息。
- 角色（Role）：指定 AI 的角色。
- 目标（Objective）：明确目标。
- 关键结果（Key Result）：定义具体的成功标准。
- 改进（Evolve）：请 AI 提出改进建议。

举例如下。

> 我们正在优化公司内部的沟通流程（**背景**）。你是一名组织发展顾问（**角色**），你的目标是减少沟通延迟，提高协作效率（**目标**），在 3 个月内将沟通延迟减少 20%（**关键结果**）。请提供 3 种可行的优化策略（**改进**）。

6.3.5 框架选择建议

根据任务的复杂度、信息完整度和输出要求，选择合适的提示词框架可以事半功倍。以下是一些建议。

1. **任务复杂度**
   - 简单任务：使用 A.P.E、T.A.G 等基础框架。
   - 复杂任务：使用 R.O.S.E.S、B.R.O.K.E 等完整框架。

2. **信息完整度**
   - 信息充分：使用简洁框架。
   - 信息不足：包含场景描述的框架，如 C.O.A.S.T、T.R.A.C.E。

3. **输出要求**
   - 单一输出：使用基础指令型框架。
   - 多样方案：使用解决方案型框架。

注意：对于推理模型如 DeepSeek-R1，建议不要在提示词中指定思考步骤，除非你想让它严格执行！

通过熟练掌握这些提示词框架，你可以更高效地与 DeepSeek 协作，完成从简单任务到复杂项目的各种需求。

6.4 基于乔哈里视窗的沟通策略

乔哈里视窗模型最初用于分析人际关系中的信息分布，帮助人们理解自己与他人之间的认知差异。在与 DeepSeek 的对话中，这个模型同样适用。通过将人与 AI 之间的知识分布划分为 4 个象限，我们可以更清晰地理解沟通过程中信息的特点，从而选择更高效的沟通策略。本节将详细探讨如何利用乔哈里视窗模型优化人与 AI 的协作。

6.4.1 四象限沟通模型

如图 6-1 所示，乔哈里视窗模型将人与 AI 的知识分布分为四个象限，分别对应不同的沟通场景和策略。以下是对每个象限的详细解析。

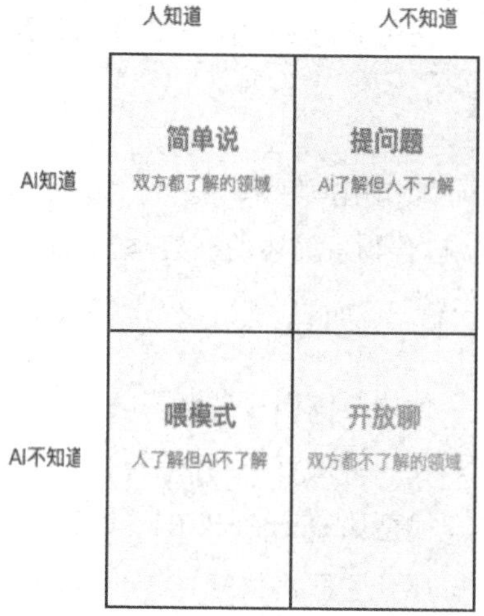

	人知道	人不知道
AI知道	简单说 双方都了解的领域	提问题 AI了解但人不了解
AI不知道	喂模式 人了解但AI不了解	开放聊 双方都不了解的领域

图 6-1　乔哈里视窗模型

1. 简单说（双方都了解的领域）

特点如下。

- AI 和人都对该领域有充分认知。
- 沟通障碍最小，信息传递效率最高。
- 不需要额外背景信息，直接表达需求即可。

沟通策略如下。

- 使用简明扼要的提示词，如"生成一段代码""总结一篇文章"。
- 直接说明需求和期望。

- 避免过多解释,聚焦于目标结果。

适用场景如下。

- **基础知识查询**,如"什么是机器学习"。
- **简单的数据处理**,如"将以下数据转换为表格格式"。
- **常见问题咨询**,如"如何设置一个基本的 Python 环境"。

举例如下。

> 请将以下文本提炼为三句话的摘要。

这种提示直接且清晰,AI 可以快速理解并完成任务。

2. 提问题(AI了解但人不了解)

特点如下。

- AI 在该领域中具备专业知识或能力。
- 人需要通过 AI 获取和学习信息。
- 需要 AI 提供解释、指导或示例。

沟通策略如下。

- 明确表达学习需求,如"请详细解释"。
- 请求 AI 提供具体的示例或分步说明。
- 通过追问深化理解,确保信息准确全面。

适用场景如下。

- **专业知识学习**,如"解释深度学习的基本原理"。
- **技术原理解析**,如"如何实现一个神经网络"。
- **复杂概念理解**,如"区块链的共识机制是如何工作的"。

举例如下。

> 请解释什么是卷积神经网络,并举一个简单的应用案例。

3. 喂模式（人了解但AI不了解）

特点如下。

- 人掌握特定领域知识，但 AI 缺乏相关背景。
- 需要人提供额外信息和上下文，帮助 AI 理解任务。
- 适合定制化需求或行业特定任务。

沟通策略如下。

- 提供详细的背景信息，如"这是我们行业中的一个常见问题"。
- 使用类比或示例帮助 AI 理解。
- 循序渐进地输入知识，逐步引导 AI 完成任务。

适用场景如下。

- **特定行业知识**，如"在医疗领域，如何优化患者流程"。
- **个性化需求**，如"根据以下数据，生成一份适合我的团队的报告"。
- **创新概念解释**，如"设计一个全新的营销活动方案"。

举例如下。

> 我们公司是一家专注于环保技术的初创企业，目标客户是地方政府和环保组织。请根据以下数据，帮助我们设计一个市场推广策略。

这种提示通过提供背景信息和目标，让 AI 更好地理解任务。

4. 开放聊（双方都不了解的领域）

特点如下。

- 双方都在探索未知领域，答案可能不唯一。
- 需要共同学习、思考和尝试。

- 适合开放性问题或创新性任务。

沟通策略如下。

- 采用探索性对话,引导 AI 参与头脑风暴。
- 鼓励 AI 提出多种可能性,激发创新思维。
- 接受不确定性,尝试从不同角度看问题。

适用场景如下。

- **创新思维激发**,如"如何用 AI 改善未来教育"。
- **未来趋势探讨**,如"未来十年的科技发展方向是什么"。
- **开放性问题讨论**,如"如何设计一个全新的社交媒体平台"。

举例如下。

> 假设我们要设计一款面向未来的教育平台,目标是帮助学生更高效地学习,请提出一些创意想法。

这种提示鼓励 AI 进行探索性思考,并提出多样化的建议。

6.4.2 沟通效果优化

在实际操作中,灵活运用乔哈里视窗模型可以显著提升沟通效果。以下是一些具体的优化策略。

1. 准确定位象限

在开始对话之前,先判断当前问题属于哪个象限。

- **评估自己的知识水平**:明确自己对问题的了解程度。
- **评估 AI 的能力范围**:根据 AI 的功能和知识库,判断其熟悉程度。

- **选择最适合的沟通策略**：根据象限特点调整提示词。

举例如下。

> 如果你需要 AI 解释一个技术概念，但你对该领域一无所知，那么可以选择"提问题"象限的策略，明确表达学习需求。

2. 跨象限沟通

有时一个问题可能涉及多个象限，例如，部分信息 AI 了解，部分信息需要人提供。在这种情况下，可以将复杂问题拆分为多个子问题，分别采用不同的策略。

- **将复杂问题拆分**：明确哪些部分属于 AI 的强项，哪些需要人补充信息。
- **针对不同部分采用不同策略**：如对已知部分直接提问，对未知部分提供背景信息。
- **维护上下文连贯性**：确保 AI 能够理解问题的整体逻辑。

举例如下。

> 首先，请解释卷积神经网络的基本原理（提问题象限）。然后，我会提供一个具体的数据集，请你帮我设计一个模型（喂模式象限）。

3. 动态调整策略

在与 AI 对话的过程中，根据对话进展随时调整沟通方式。

- **观察 AI 的响应质量**：如果 AI 的回答不符合预期，那么可能需要调整提示词或补充信息。
- **适时调整提问方式**：例如从直接提问转为分步引导。
- **补充必要的信息**：如果 AI 无法理解问题，那么可以提供更多背景或示例。

举例如下。

> 如果 AI 在回答技术问题时过于笼统,那么可以追问:"能否提供一个具体的例子来说明?"

6.4.3 实践建议

为了更高效地与 AI 协作,这里提供一些实践建议,帮助你在不同象限中优化沟通。

1. 提升沟通效率

- 在"简单说"象限保持简明扼要,避免冗长提示。
- 在"提问题"象限多做追问,确保理解透彻。
- 在"喂模式"象限注重信息输入,帮助 AI 建立上下文。
- 在"开放聊"象限保持开放思维,接受多样化的回答。

2. 避免常见误区

- **不要假设 AI 都懂**:AI 的知识范围有限,必要时提供背景信息。
- **不要过度简化复杂问题**:复杂任务需要分步引导,避免一口气提问。
- **不要忽视必要的上下文**:缺乏上下文会导致 AI 输出偏离预期。

3. 持续优化

- **记录成功的对话模式**:总结哪些提示词效果最佳。
- **总结失败的经验教训**:分析沟通失败的原因,避免重复错误。

- **建立个人的最佳实践**：根据自己的需求和习惯，逐步形成高效的沟通方法论。

通过应用乔哈里视窗模型，你可以更有针对性地与 AI 协作，无论是解决简单问题还是探索未知领域，都能找到最合适的沟通策略。将这些方法融入日常操作，不仅能提升效率，还能让你与 AI 的互动更加流畅自然。

6.5 本章小结

通过对本章的学习，你将具备以下关键能力。

（1）**多轮对话优化**：学会设计清晰高效的对话链条，提升任务执行的深度与连贯性。

（2）**提示词深度完善**：通过分析和优化提示词结构，确保 AI 的输出更符合预期。

（3）**提示词框架应用**：灵活运用多种结构化框架，提升沟通效率与输出质量。

（4）**乔哈里视窗策略**：基于信息分布模型，优化人与 AI 的协作方式，探索未知领域的创新可能。

第 7 章将聚焦未来发展趋势与进阶学习路径，帮助你持续提升 DeepSeek 应用能力，拓展更多实践场景。

第 7 章
工具集成与本地部署

在人工智能助手的应用过程中,工具集成与本地部署是两个重要的环节。通过工具集成,DeepSeek 可以与多种平台和服务无缝对接,从而扩展其功能与适用场景。本地部署则为用户提供了更好的定制化能力和数据安全保障。本章将围绕工具集成与本地部署展开,详细介绍其方式、特点、应用场景及实践方法。

7.1 工具集成的多样化选择

DeepSeek 提供了多种工具集成方式,以满足不同用户的需求。以下是几种主要的工具集成方式及其特点。

7.1.1 硅基流动

硅基流动是一种基于云计算的 AI 集成方式,旨在通过高效的计算能力和灵活的扩展性为用户提供实时服务。它适合需要处理大规模数据的场景,如实时数据分析和高并发任务。

华为云和硅基流动联合推出了满血版 DeepSeek-R1,截至本书写作时,注册成功送 2000 万 Token。

使用说明如下。

(1)访问地址如链接 7-1 所示。

（2）用手机号注册后登录，如图 7-1 所示。

图 7-1　硅基流动注册界面

（3）在模型广场界面中找到 DeepSeek-R1，单击"对话"按钮，如图 7-2 所示。

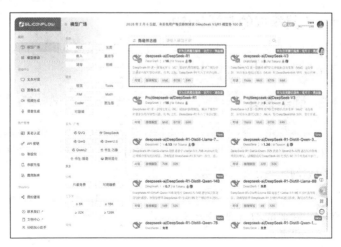

图 7-2　硅基流动的模型广场界面

（4）在文本对话界面，可与大模型进行进一步交互，如图7-3所示。

图7-3　硅基流动的文本对话界面

（5）如果需要API访问，则可以单击"API文档"按钮，详细查阅API文档，如图7-4和图7-5所示。

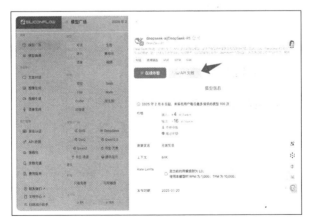

图7-4　硅基流动的模型详情界面

第7章　工具集成与本地部署

图 7-5 硅基流动的 API 文档界面

硅基流动的优势如下。

- 高扩展性：支持大规模并发请求。
- 实时性：能够快速处理和反馈数据。
- 赠送 Token，可通过 API 访问。

7.1.2 纳米 AI 搜索

纳米 AI 搜索专注于信息检索与知识管理，适合需要快速获取精准信息的用户。例如，企业可以通过纳米 AI 搜索快速定位内部文档或外部知识库中的关键信息。

纳米 AI 搜索移动端接入了"免费版"和"满血版"两个版本的 DeepSeek-R1，"免费版"响应受限，是蒸馏版大模型；"满血版"可解锁联网搜索，进行长文本解析。

使用说明如下。

（1）在移动应用商店搜索"纳米 AI 搜索"安装应用。

（2）打开应用，切换到"大模型"底部 Tab 导航栏，即可访问两个版本的 DeepSeek-R1 模型，如图 7-6 和图 7-7 所示。

图 7-6　纳米 AI 搜索 App 的界面　　图 7-7　纳米 AI 搜索的对话界面

纳米 AI 搜索的优势如下。

- 精准检索：基于语义理解，提供高质量结果。
- 移动端快速便捷访问。

7.1.3 秘塔 AI 搜索

秘塔 AI 搜索是一种多功能搜索工具,支持跨平台整合和深度语义分析,适合需要整合多个数据源的企业和机构。

秘塔 AI 搜索当前已经接入满血版 DeepSeek-R1 模型。

使用说明如下。

(1)访问地址为链接 7-2。

(2)勾选"长思考 R1"选项,如图 7-8 所示。

图 7-8　秘塔 AI 搜索的搜索界面

(3)在搜索界面的输入框中输入问题后,即可启动搜索,进入搜索结果界面,如图 7-9 所示。

图 7-9 秘塔 AI 搜索的搜索结果界面

秘塔 AI 搜索的优势如下。
- 数据整合能力强,支持多源数据同步分析。
- 有联网能力,适合需要搜索的场景。

7.1.4 国家超算互联网

国家超算互联网基于超级计算中心的强大算力,为 AI 模型的训练与推理提供支持,适合需要高性能计算的场景。

截至本书写作时,该平台上仅支持 7B 和 32B 的模型。

使用说明如下。

(1)访问地址如链接 7-3 所示,初始界面如图 7-10 所示。

图 7-10 国家超算互联网的初始界面

（2）在初始界面输入问题后，即可进行对话，如图 7-11 所示。

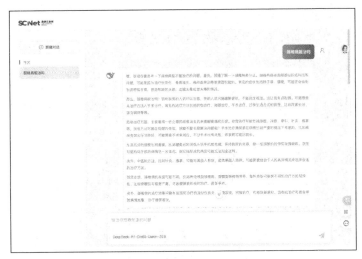

图 7-11 国家超算互联网的对话界面

国家超算互联网的优势如下。
- 超强算力：满足高计算需求。
- 数据安全：符合国家级数据安全标准。

7.1.5 英伟达平台

英伟达平台提供了强大的 GPU 算力支持，适合需要高性能图形处理或深度学习任务的场景。例如，DeepSeek 可以利用英伟达平台加速模型推理与训练。

英伟达平台采用最新的 HGX H200 服务器部署了满血版 DeepSeek-R1，将推理速度提升至惊人的 3782 Token/s。

使用说明如下。

（1）访问地址如链接 7-4 所示。

（2）直接可以在官网界面上进行对话，如图 7-12 所示。

图 7-12 英伟达平台的 DeepSeek 界面

英伟达平台的优势如下。

- 高性能：支持大规模并行计算，速度非常快。
- 提供 API 代码，可以直接接入。

7.1.6　Poe

Poe 等平台为用户提供了灵活的工具集成方式，支持多场景应用。

截至本书写作时，Poe 支持 164K Token 的输入上下文，输出长度 33K Token，还支持 DeepSeek-R1-FW，可以输出 164K Token，超越了官方标准。

使用说明如下。

（1）访问地址如链接 7-5 所示，初始界面如图 7-13 所示。

图 7-13　Poe 的初始界面

（2）在初始界面中选择 DeepSeek-R1 或 DeepSeek-R1-FW，即可直接进行对话，如图 7-14 所示。

图 7-14　Poe 的对话界面

Poe 的优势如下。

- 支持超长上下文。
- 有很多其他平台的模型供切换选择。

7.2　API集成与本地部署的实践方法

对于一些对数据安全性、隐私性或定制化要求较高的用户，本地部署是一种理想的选择。DeepSeek 支持多种本地部署方式，以下是详细介绍。

7.2.1 API 集成 DeepSeek

通过 API，用户可以快速搭建属于自己的 AI 助手，并将 DeepSeek 集成到现有系统中。

实施步骤如下。

（1）Cherry Studio 下载地址如链接 7-6 所示，下载界面如图 7-15 所示。

图 7-15　Cherry Studio 的下载界面

（2）在硅基流动中新建 API 密钥，内容在链接 7-7 中，如图 7-16 所示。

（3）打开 Cherry Studio，输入 API 密钥，如图 7-17 所示。

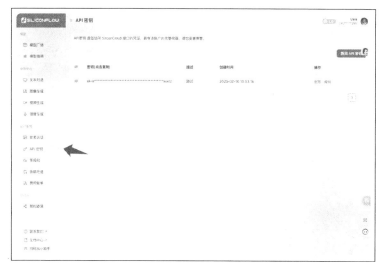

图 7-16　在硅基流动中新建 API 密钥界面

图 7-17　Cherry Studio 的设置界面

（4）单击"助手"选项，在弹窗中选择切换到DeepSeek-R1，即可开始对话，如图7-18所示。

图7-18　Cherry Studio 对话模型的切换界面

API集成DeepSeek的优势如下。
- 调用API访问，不依赖网站的稳定性。
- 可以灵活切换不同的模型进行访问，保留上下文。

7.2.2　Ollama 部署

Ollama是一个轻量级的本地AI部署工具，可以实现本地快速搭建与交互功能。

实施步骤如下。

（1）Ollama下载地址为链接7-8，下载界面如图7-19所示。

（2）根据自己的机器配置，选择合适的模型版本，如表7-1所示。

图 7-19　Ollama 的下载界面

表 7-1　部署 DeepSeek 模型不同版本的配置要求

模型名称	参数量	量化后显存（4-bit）	推荐 GPU	推荐系统内存
DeepSeek-R1-Distill-Qwen-1.5B	1.5B	约 1GB	RTX 3060 6GB	16GB
DeepSeek-R1-Distill-Qwen-7B	7B	约 4.5GB	RTX 4070 12GB	24GB
DeepSeek-R1-Distill-Llama-8B	8B	约 3.7GB	RTX 3070 8GB 及以上	24GB
DeepSeek-R1-Distill-Qwen-14B	14B	约 6.5GB	RTX 4090 24GB	32GB
DeepSeek-R1-Distill-Qwen-32B	32B	约 16GB	A100 40GB 及以上	64GB

续表

模型名称	参数量	量化后显存（4-bit）	推荐GPU	推荐系统内存
DeepSeek-R1-Distill-Llama-70B	70B	约35GB	A100 80GB	128GB
DeepSeek-R1	671B	约175GB	多卡 H100/A100	1TB 及以上

(3) 在系统的命令行输入以下命令，如图 7-20 所示。

Bash
ollama run deepseek-r1:1.5b

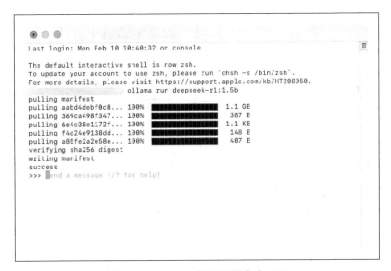

图 7-20　Ollama 部署终端命令界面

(4) 打开 Cherry Studio 设置界面，选择 Ollama 对应的模型，并测试连通性，如图 7-21 所示。

图 7-21 Cherry Studio 设置 Ollama 模型

（5）切换至 Ollama 部署的模型，即可开始对话，如图 7-22 所示。

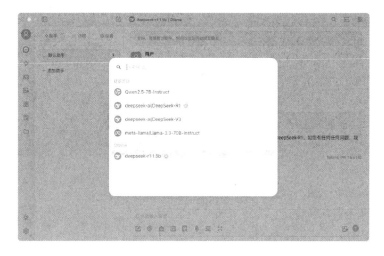

图 7-22 在 Cherry Studio 对话界面切换模型

7.2.3 LM Studio 部署

LM Studio 是一个功能全面的本地 AI 部署平台,支持模型训练、推理和知识库管理。

实施步骤如下。

(1) LM Studio 的下载地址为链接 7-9,下载界面如图 7-23 所示。

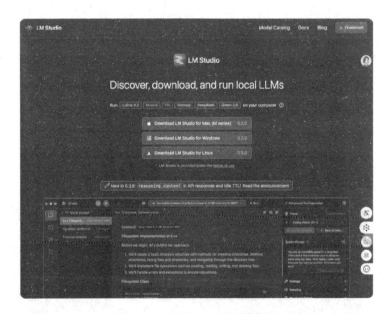

图 7-23　LM Studio 的下载界面

(2) 打开 LM Studio,在搜索界面搜索 DeepSeek 对应的模型并下载,如图 7-24 所示。

图 7-24　LM Studio 的搜索界面

（3）进入下载好的模型，即可与模型进行对话，如图 7-25 所示。

图 7-25　在 LM Studio 对话界面选择模型

7.3 工具集成与本地部署的对比分析

工具集成与本地部署各有优缺点,用户在选择时需要综合考虑使用场景、技术能力、预算及长期需求。本节将从多个维度对两种方式进行详细对比,并结合实际案例分析其适用性。

7.3.1 数据安全性

在数据安全性上,工具集成的特点及案例如下。

优点:工具集成通常依赖云平台,这些平台往往具备强大的安全防护能力,如数据加密、访问控制和实时监控。对于大多数普通企业或个人用户来说,云平台的安全性已经足够。

缺点:尽管云平台提供了多层次的安全保障,但数据存储在第三方服务器上,仍然存在数据泄露或被滥用的风险,尤其是当涉及敏感数据(如医疗记录、财务信息)时。

案例:某中小企业通过集成秘塔 AI 搜索管理客户数据,虽然提升了效率,但由于数据托管在云端,客户对隐私问题有所担忧。

本地部署的特点及案例如下。

优点:本地部署将所有数据存储在企业或个人的私有服务器中,完全掌控数据的访问和使用,尤其适合对数据隐私要求极高的行业,如政府机构、金融行业和医疗行业。

缺点:需要用户自行配置防火墙、加密机制等安全措施,技术门槛较高,且一旦配置不当,可能导致安全漏洞。

案例:某医院通过 LM Studio 本地部署患者数据管理系统,确保所有医疗数据仅在内网中流转,满足了严格的合规要求。

当数据隐私是首要考虑因素时,建议选择本地部署;而对于一般性数据处理,工具集成的安全性已足够。

7.3.2 性能与计算能力

在性能与计算能力上，工具集成的特点及案例如下。

优点：依托云平台的强大计算能力（如国家超算互联网、英伟达平台），工具集成能够轻松处理大规模数据和高并发请求，性能表现稳定且可扩展。

缺点：依赖网络连接，一旦网络中断或带宽不足，性能可能受到影响。此外，对于一些实时性要求极高的任务（如工业控制），云端延迟可能成为瓶颈。

案例：某在线教育平台通过纳米 AI 搜索实时分析学生数据，生成个性化学习建议，但在高峰时段偶尔出现响应延迟问题。

本地部署的特点及案例如下。

优点：本地部署的性能完全由用户的硬件配置决定，理论上可以通过升级硬件获得更高的性能，且无网络延迟问题，适合实时性要求高的场景。

缺点：硬件成本高昂，特别是在需要处理大规模数据时，可能需要额外采购高性能服务器或 GPU 集群。此外，性能扩展性有限。

案例：某制造企业通过本地部署英伟达 GPU 加速器，实现了工业仿真任务的实时计算，避免了云端延迟问题。

对于需要高并发处理的场景，工具集成更具优势；而对于实时性要求高的任务，本地部署是更优选择。

7.3.3 成本

在成本上，工具集成的特点及案例如下。

优点：工具集成通常采用按需付费的模式，无须一次性投入大量资金购买硬件或搭建基础设施，适合预算有限的中小企业或个人用户。

缺点：长期使用可能累积较高的费用，尤其是在需要处理大量数据或频繁调用 API 的情况下。

案例：某初创公司通过集成 Poe 平台快速搭建智能客服系统，初期投入较低，但随着用户量增长，API 调用成本逐渐增高。

本地部署的特点及案例如下。

优点：本地部署的初期成本较高，但后续的运行成本相对固定，适合长期需求明确的用户。

缺点：硬件采购、维护和电力消耗等成本可能成为负担，尤其是对于预算有限的小型组织。

案例：某高校通过 LM Studio 部署科研数据管理系统，尽管初期投入较大，但长期运行成本低于云平台方案。

对于短期项目或预算有限的场景，工具集成更具成本优势；而对于长期稳定需求，本地部署可能更经济。

7.3.4 用户体验

在用户体验上，工具集成的特点及案例如下。

优点：工具集成通常由专业团队维护，用户无须关心底层技术细节，使用体验更为流畅。云平台提供的可视化界面和丰富的 API 文档也使集成过程更加友好。

缺点：功能定制性较弱，用户需要在平台的限制范围内使用，无法完全满足个性化需求。

案例：某电商企业通过 AskManyAI 快速部署聊天机器人，解决了大部分客户的咨询需求，但对于一些特殊场景，平台功能无法完全满足。

本地部署的特点及案例如下。

优点：本地部署提供了高度的灵活性，用户可以根据自身需求对系统进行深度定制，如添加特定功能模块或优化算法。

缺点：部署和维护需要较高的技术能力，且可能需要较长的开发周期。

案例：某科研团队通过 Ollama + PageAssist 插件部署，深度定制了知识库检索功能，满足了复杂的跨学科数据查询需求。

对于追求快速上手和便捷体验的用户，工具集成是更好的选择；而对于需要深度定制的场景，本地部署更具优势。

7.3.5 扩展性与可持续性

在扩展性与可持续性上，工具集成的特点及案例如下。

优点：云平台通常支持动态扩展，用户可以根据需求随时增加计算资源或存储容量，适应业务增长。

缺点：扩展性依赖平台提供的服务，可能受限于平台的技术架构或商业策略。

案例：某 SaaS 公司通过国家超算互联网实现了业务的快速扩展，但由于平台限制，无法接入部分第三方数据源。

本地部署的特点及案例如下。

优点：用户可以完全掌控系统的扩展方向，例如，通过添加硬件或优化代码提升性能，适合对未来需求有明确规划的用户。

缺点：扩展过程可能需要较高的技术投入，且硬件升级成本较高。

案例：某金融机构通过本地部署实现了系统的逐步扩展，但硬件升级周期较长，影响了扩展效率。

对于快速变化的业务需求，工具集成更为灵活；而对于长期稳定的扩展需求，本地部署更具可持续性。

7.3.6 综合对比表

将工具集成与本地部署在各维度进行综合对比，如表7-2所示。

表7-2 工具集成与本地部署的对比

维度	工具集成	本地部署
数据安全性	数据托管在云端，存在一定隐私风险	数据完全掌控，更适合敏感数据处理
性能	依赖云平台，性能稳定但可能受网络影响	性能由本地硬件决定，无网络延迟
成本	初期成本低，长期费用可能较高	初期投入大，但长期使用成本较低
用户体验	使用便捷，无须关注底层技术	灵活定制，但技术门槛较高
扩展性	动态扩展灵活，受平台限制	扩展方向完全掌控，但硬件升级成本较高
适用场景	短期项目、快速上线	长期需求、高度定制化场景

通过上述分析，用户可以根据自身需求选择合适的方案。例如，对于初创企业或中小型团队，工具集成是快速实现业务目标的理想选择；而对于对数据隐私、性能和定制化要求较高的用户，本地部署更为合适。

7.4 本章小结

通过学习本章，读者可以有以下收获。

（1）理解 DeepSeek 的多种工具集成方式及适用场景。

（2）掌握本地部署的实践方法，满足高定制化和数据安全需求。

（3）根据实际需求选择合适的集成或部署方式，最大化 DeepSeek 的价值。

在第 8 章中，我们将展望 DeepSeek 的未来发展方向，并探索其在更多领域的进阶应用。

第 8 章
DeepSeek 的未来展望与进阶应用

人工智能技术的飞速发展正在深刻改变我们的生活与工作方式,而 DeepSeek 正是这场变革的重要推动力之一。从技术趋势到应用场景,从行业融合到社会影响,DeepSeek 不仅是一个工具,更是未来社会的重要组成部分。本章将结合 DeepSeek 的特点,探讨其技术发展趋势、应用场景扩展及社会影响,帮助读者全面理解 AI 助手的潜力与价值。

8.1 技术发展趋势与能力进化

与 DeepSeek 类似的 AI 技术未来可能将围绕三个核心方向发展:多模态能力的提升、个性化定制支持,以及自主学习能力的增强。

8.1.1 多模态能力的提升

多模态能力是未来 AI 助手发展的关键方向。DeepSeek 以多模态融合为核心,能够综合处理文本、图像、语音等信息,为用户提供更加全面和智能的支持。

例如，当用户上传一张产品图片时，DeepSeek 不仅可以识别图片中的内容，还能结合上下文生成相关的分析报告。这种能力不仅体现在单一任务中，还可以在多任务之间实现联动。例如，用户通过语音指令要求"从这段视频中提取关键信息并生成一份报告"，DeepSeek 可以同时处理语音、视频和文本数据，最终生成符合用户需求的文档。

未来，DeepSeek 的多模态能力将进一步扩展至以下领域。

（1）**文本与图像结合**：通过图像生成文本描述，或通过文本生成高质量的图像。

（2）**语音与任务联动**：直接通过语音输入触发复杂任务，如语音会议记录、实时翻译等。

（3）**跨模态推理**：在医疗场景中，从患者的影像数据中提取关键指标，并生成诊断建议。

实际案例如下。

（1）**智能文档处理**：用户上传一张包含手写文字的图片，DeepSeek 自动将其转化为可编辑文本，同时生成相关分析。

（2）**教育场景协同**：在课堂中，DeepSeek 将语音讲解与视觉化内容结合，为学生提供沉浸式学习体验。

8.1.2 个性化定制支持

随着用户需求的多样化，DeepSeek 的个性化能力将为用户提供量身定制的服务。

DeepSeek 的个性化能力主要体现在以下 3 个方面。

（1）**用户习惯学习**：DeepSeek 能够根据用户的操作习惯优化

交互体验。例如，它会记录用户常用的功能，并在需要时主动推荐相关操作。

（2）**领域定制模型**：针对医疗、金融、教育等特定行业，DeepSeek可加载专属知识库和模型，提供专业化服务。例如，在医疗领域，DeepSeek可以根据医生的需求，定制化生成诊疗建议。

（3）**提示词优化**：通过提示词工程，用户可以设计更精准的指令，充分发挥 DeepSeek 的能力。例如，内容创作者可以通过提示词要求 DeepSeek 生成特定风格的文章，如幽默风格或学术风格。

应用方向如下。

（1）**行业解决方案**：在医疗领域，DeepSeek 可分析病历并生成诊断建议；在教育领域，DeepSeek 根据学生的学习情况生成个性化学习计划。

（2）**创作者支持**：为内容创作者提供定制化风格，如生成幽默、正式或学术风格的内容。

8.1.3　自主学习能力

自主学习是 DeepSeek 未来发展的重要方向之一。通过与用户的交互和数据积累，DeepSeek 将不断优化自身表现。

DeepSeek 的自主学习能力体现在以下 3 个方面。

（1）**持续优化**：DeepSeek 可以分析用户反馈并自动调整模型参数，提升响应质量。例如，当用户多次纠正某些回答时，DeepSeek会自动学习正确的处理方式。

（2）**无监督学习**：DeepSeek 能够从非结构化数据中挖掘隐藏模式，帮助用户发现潜在问题或趋势。例如，在企业数据中，DeepSeek 可以发现销售量下降的潜在原因。

（3）个性化进化：DeepSeek 将根据不同用户的需求和偏好，动态调整其功能和交互方式。例如，它可以根据用户的语言习惯调整回答风格。

实际案例如下。

（1）企业运营优化：DeepSeek 从企业的历史数据中挖掘规律，帮助管理者优化流程。

（2）个性化推荐：在电商平台中，DeepSeek 根据用户行为自动优化推荐算法，提高转化率。

8.2 应用场景的扩展与行业融合

DeepSeek 的应用场景正在从传统的任务执行向更广泛、更深入的领域扩展，尤其是在智慧办公、创意产业，以及行业智能化与新兴商业模式中表现尤为突出。

8.2.1 智慧办公

DeepSeek 在智慧办公中的表现尤为亮眼，通过智能化工具极大提升了办公效率。

在日常办公场景中，DeepSeek 可以帮助用户完成从文档生成到任务管理的多种工作。例如，用户上传长篇报告后，DeepSeek 能够提取其中的关键信息并生成摘要，从而节省时间。此外，在会议场景中，DeepSeek 可以实时记录会议内容，并根据讨论要点生成结构化纪要。

未来，DeepSeek 在智慧办公中的应用将进一步扩展。

（1）跨部门协作：DeepSeek 不仅可以生成单一部门的任务报告，还可以整合多个部门的数据，生成综合性的跨部门协作方案。

例如，在产品开发会议中，DeepSeek 可以根据研发、市场和销售部门的讨论内容生成统一的行动计划。

（2）**决策支持**：通过分析企业的历史数据和实时动态，DeepSeek 能够为管理者提供决策建议。例如，它可以预测某项业务的潜在风险，并提出应对策略。

实际案例如下。

（1）**自动化报告生成**：用户上传多个数据文件，DeepSeek 自动生成综合性报告，包括数据分析、可视化图表和结论建议。

（2）**智能日程管理**：根据用户优先级安排日程，并提醒重要事项。

（3）**实时数据监控**：DeepSeek 可以为用户提供实时的业务数据更新，如销售额、库存水平等，并根据数据变化提出优化建议。

8.2.2 创意产业

在创意产业中，DeepSeek 不仅是创作者的助手，更是灵感的激发者。

创意产业需要大量的内容生成和设计工作，而这正是 DeepSeek 的强项。例如，设计师可以通过简单的提示词要求 DeepSeek 生成设计草图，或者优化现有设计方案。在影视制作中，DeepSeek 可以根据剧本生成场景设计建议，甚至生成特定风格的概念图。

未来，DeepSeek 在创意领域的应用将包括以下方面。

（1）**动态内容生成**：通过用户描述的场景或故事线，生成动态的动画或视频素材。

（2）**音乐创作支持**：DeepSeek 可以根据用户的情绪或主题需

求,生成特定风格的音乐片段。

(3) **市场营销工具**:DeepSeek 能够根据目标受众的特点,生成精准的广告文案、社交媒体内容和视觉设计。

实际案例如下。

(1) **智能文案生成**:输入产品关键词,DeepSeek 自动生成多种风格的广告文案,如幽默风格、情感诉求风格等。

(2) **创意激发**:描述创意需求后,DeepSeek 提供多种新颖方案供参考,如为电影设定多个结局。

(3) **艺术创作工具**:DeepSeek 可以根据用户上传的草图生成完整的艺术作品,或者为艺术家提供风格化建议。

8.2.3 行业智能化与新兴商业模式

DeepSeek 的能力正在推动行业智能化变革,并催生全新的商业模式。

(1) **医疗健康**:DeepSeek 在医疗领域的应用潜力巨大。例如,它可以通过分析患者的病历和影像数据,生成诊断建议,或者为医生提供参考治疗方案。此外,DeepSeek 可以在健康管理领域发挥作用。例如,根据用户的健康数据生成个性化的饮食和运动计划。

(2) **金融科技**:在金融行业,DeepSeek 可以通过分析市场数据,辅助风险控制、投资分析和客户服务。例如,它可以生成实时的市场分析报告,或者为投资者提供个性化的投资建议。

(3) **教育培训**:DeepSeek 在教育领域的应用包括生成个性化的学习路径、实时反馈和互动式学习内容。例如,DeepSeek 可以根据学生的学习情况调整教学计划,或者生成针对性的练习题。

(4) **智能制造**:在制造业中,DeepSeek 可以优化生产流程,提高效率并降低成本。例如，它可以分析生产数据，发现瓶颈问题，并提出改进建议。

实际案例如下。

（1）**医疗领域**：DeepSeek 协助医生分析影像数据，生成诊断报告，并提出可能的治疗方法。

（2）**金融领域**：DeepSeek 为投资者生成个性化的投资组合建议，并实时跟踪市场变化。

（3）**教育领域**：DeepSeek 根据学生的学习进度生成个性化的复习计划，并提供实时答疑服务。

8.3 社会影响与未来展望

随着人工智能助手的普及，DeepSeek 不仅在技术层面为社会带来了巨大的变革，也在经济、文化、伦理等维度对社会结构产生深远影响。本节将深入探讨 DeepSeek 的社会影响，并展望其未来的发展方向。

8.3.1 对个人生活的影响

DeepSeek 的应用正在从单纯的任务执行扩展到用户生活的方方面面，为个人生活带来了深远影响。

（1）**效率提升**：DeepSeek 可以帮助用户自动化处理烦琐的日常任务，如安排日程、撰写文档、生成个性化健康计划等。这种效率的提升使人们能够将更多时间投入创造性活动或休闲。

案例：一名企业高管通过 DeepSeek 自动整理邮件、生成会议纪要，每天节省至少两小时。

（2）**个性化服务**：DeepSeek 通过学习用户的行为习惯，提供高度个性化的服务。例如，它可以根据用户的阅读偏好推荐文章，或者根据用户的健康数据调整饮食建议。

案例：一位健身爱好者通过 DeepSeek 记录运动数据，并获得实时的训练优化建议。

（3）**生活便利性**：DeepSeek 的语音交互和自然语言处理能力使其成为个人助理的理想选择。例如，用户可以通过语音指令控制家中的智能设备，或者获取实时的天气、交通信息。

案例：一位忙碌的母亲通过 DeepSeek 语音指令安排孩子的课外活动日程，同时开启智能家居的烹饪模式，为家人准备晚餐。

8.3.2 对社会结构的影响

DeepSeek 的普及也在宏观层面推动社会结构的变革。

1. 就业市场的变化

替代传统岗位：DeepSeek 的自动化能力可能取代一些重复性高、技术要求较低的岗位，如客服、数据录入员等。

创造新兴职业：与此同时，DeepSeek 的发展也催生了新的职业，如提示词工程师（Prompt Engineer）、AI 模型训练师、数据标注专家等。

案例：某企业通过引入 DeepSeek 优化客服流程，将原本需要 20 人的客服团队缩减至 5 人，但新增了提示词优化和模型管理岗位。

2. 教育与技能提升

DeepSeek 可以帮助社会成员快速学习新技能，适应技术变革。例如，通过 DeepSeek 提供的个性化学习计划，用户可以高效掌握编程、数据分析等热门技能。

案例：一名转行者利用 DeepSeek 的学习建议，完成了从传统行业向数据科学领域的职业过渡。

3. 社会公平性与伦理挑战

公平性问题：DeepSeek 的算法可能存在偏见，导致某些群体在使用过程中受到不公正待遇。例如，在招聘场景中，由于训练数据的偏差，可能出现性别或种族歧视。

伦理问题：如何确保 DeepSeek 的决策透明、公正？如何避免其被用于恶意目的（如生成虚假信息）？这些问题需要在技术和政策层面进行深入探讨。

8.3.3 对文化与价值观的影响

1. 文化传播与多样性

DeepSeek 在跨语言翻译和文化传播中的作用不可忽视。例如，通过实时翻译和内容生成，DeepSeek 可以帮助不同文化背景的人群更好地交流与理解。然而，也需要警惕 AI 在内容生成过程中的文化同质化问题。

2. 价值观的重塑

随着 AI 助手的普及，人类对工作的定义与价值观可能发生变化。从"以工作为中心"逐渐转向"以创造性和生活质量为中心"。

案例：DeepSeek 的普及使某些传统行业的从业者有更多的时间投入艺术创作、社区服务等活动。

8.3.4 面向未来的展望

1. 技术普及化

未来,DeepSeek 等 AI 助手将变得更加普及,技术门槛不断降低,使更多人能够享受到 AI 技术带来的便利。

2. 人机协作的深化

DeepSeek 不仅是工具,更是人类的合作伙伴。在未来,人机协作可能成为社会的常态,如医生与 AI 协同诊断、教师与 AI 协同教学。

3. 社会政策的完善

为了应对 AI 普及带来的挑战,社会需要制定更加完善的政策框架,如数据隐私保护法、AI 伦理规范等。

8.4 深入学习与进阶路径

为了帮助读者更深入掌握 DeepSeek 和人工智能技术,本节将从理论学习、实践提升和职业发展 3 个方面提供详细的进阶路径。

8.4.1 理论学习

1. 学习基础理论

(1) **人工智能基础**:推荐阅读《人工智能:一种现代的方法》(Stuart J. Russell 等著),系统了解 AI 的基本概念和技术原理。

(2) **深度学习理论**:推荐阅读《深度学习》(Ian Goodfellow 等著),深入理解神经网络、优化算法等核心内容。

2. 学习相关领域知识

（1）**自然语言处理**：学习 NLP 的核心技术，包括词向量、Transformer 等。推荐学习 Coursera 上的 "Natural Language Processing Specialization" 课程。

（2）**多模态学习**：了解如何结合文本、图像、语音等多模态数据进行建模。

8.4.2 实践提升

1. 参与开源项目

在 GitHub 上寻找与 DeepSeek 类似的开源项目，如 LLaMA 3，通过实际开发掌握 AI 技术。

案例：某开发者通过参与 HuggingFace 社区的开源项目，成功开发了一个多语言翻译工具。

2. 数据集训练

使用公开数据集进行模型训练，如 ImageNet（图像分类）、COCO（目标检测）、SQuAD（问答系统）等。

案例：一名研究生通过使用 SQuAD 数据集训练问答模型，成功发表了一篇学术论文。

3. 参加竞赛

参加 Kaggle、天池等平台的 AI 项目竞赛，通过解决实际问题提升技能。

案例：某团队通过 Kaggle 的医疗影像分类竞赛，获得了宝贵的行业经验。

8.4.3 职业发展建议

1. 新兴职业方向

(1) **提示词工程师**:专注于设计高效的提示词,以充分激发 AI 模型的潜力。

(2) **AI 应用场景设计师**:设计 AI 在实际场景中的落地方案,如医疗诊断、教育辅导等。

(3) **数据科学家**:负责数据的收集、清洗、分析和建模,为 AI 系统提供支持。

2. 职业规划建议

(1) 制订明确的学习计划,如每月完成一本专业书籍或一个在线课程。

(2) 积极参与行业会议和技术论坛,与专家交流,了解行业最新动态。

(3) 不断积累项目经验,如开发自己的 AI 应用或参与企业级项目。

8.4.4 长期学习策略

保持学习热情:AI 技术发展迅速,保持持续学习的心态尤为重要。

关注行业动态:定期阅读行业报告、学术论文,了解最新的技术趋势。

培养跨学科能力:AI 技术与其他领域的结合是未来的趋势,如 AI+医疗、AI+教育等。

8.5　本章小结

通过学习本章，读者可以收获以下内容。

（1）深入理解 DeepSeek 的社会影响及其可能带来的机遇与挑战。

（2）掌握 AI 技术的学习路径，从基础理论到实践应用，再到职业发展，全面规划自己的成长路线。

（3）展望 DeepSeek 的未来发展方向，理解其在个人、行业和社会层面的潜力与价值。

至此，本书的全部内容已经完成。希望这本书能够帮助读者更好地理解和应用 DeepSeek，在 AI 时代获得更多发展机会。无论是个人提升还是行业创新，DeepSeek 都将成为推动未来发展的重要力量。愿每位读者都能在 AI 的浪潮中找到属于自己的方向！